Pythonで学ぶ
データ構造と アルゴリズム 入門

廣瀬豪 著

C&R研究所

■権利について

- 本書に記述されている社名・製品名などは、一般に各社の商標または登録商標です。
- 本書では™、©、®は割愛しています。

■本書の内容について

- 本書は著者・編集者が実際に操作した結果を慎重に検討し、著述・編集しています。ただし、本書の記述内容に関わる運用結果にまつわるあらゆる損害・障害につきましては、責任を負いませんのであらかじめご了承ください。
- 本書は2025年2月現在の情報で記述しています。

■本書のサンプルについて

- 本書で紹介しているサンプルコードは、C&R研究所のホームページ(https://www.c-r.com)からダウンロードすることができます。詳しくは4ページを参照してください。
- サンプルデータの動作などについては、著者・編集者が慎重に確認しております。ただし、サンプルデータの運用結果にまつわるあらゆる損害・障害につきましては、責任を負いませんのであらかじめご了承ください。
- サンプルデータの著作権は、著者およびC&R研究所が所有します。許可なく配布・販売することは堅く禁止します。

●本書の内容についてのお問い合わせについて

　この度はC&R研究所の書籍をお買いあげいただきましてありがとうございます。本書の内容に関するお問い合わせは、「書名」「該当するページ番号」「返信先」を必ず明記の上、C&R研究所のホームページ(https://www.c-r.com/)の右上の「お問い合わせ」をクリックし、専用フォームからお送りいただくか、FAXまたは郵送で次の宛先までお送りください。お電話でのお問い合わせや本書の内容とは直接的に関係のない事柄に関するご質問にはお答えできませんので、あらかじめご了承ください。

〒950-3122 新潟県新潟市北区西名目所4083-6　株式会社 C&R研究所　編集部
FAX 025-258-2801
『Pythonで学ぶ データ構造とアルゴリズム入門』サポート係

# はじめに

　ICTの技術は日進月歩で進化しており、現代社会ではさまざまな機器や機械がコンピューターとソフトウェアによって制御されています。このような時代においてプログラマーなどのITエンジニアは人気のある職業であり、プログラミングは社会を支える不可欠な技能の一つになっています。

　本書はプログラマーにとって必要不可欠な「データ構造とアルゴリズム」を学ぶための入門書です。データ構造とアルゴリズムに関する知識は、ソフトウェア開発の基盤であるとともに、問題解決能力を高める重要な要素でもあります。その知識をPythonという親しみやすいプログラミング言語を使って丁寧に解説します。

　プログラミングやコンピュータサイエンスの世界で広く学ばれる定番のアルゴリズムを中心に取り上げました。それに加え、知識を広げていただけるように、本書独自のアルゴリズムも複数、掲載しています。

　Pythonの基本を学んだ後に、データ構造とアルゴリズムを学習するように構成していますので、初心者の方も安心して学習を始められます。すでにプログラミングの経験がある方は、興味のある項目を選んで学ぶことができます。

　本書を通じてプログラミング技術を伸ばしていきましょう。

2025年2月

廣瀬　豪

本書について

執筆環境について

本書の執筆環境は下記の通りです。

- Windows 11
- Python 3.13.0

コードの中の▼について

本書に記載したサンプルコードは、誌面の都合上、1つのサンプルコードがページをまたがって記載されていることがあります。その場合は▼の記号で、1つのコードであることを表しています。

サンプルコードのダウンロードについて

本書で紹介しているサンプルコードは、C&R研究所のホームページからダウンロードすることができます。本書のサンプルコードを入手するには、次のように操作します。

❶ 「https://www.c-r.com/」にアクセスします。

❷ トップページ左上の「商品検索」欄に「475-8」と入力し、[検索]ボタンをクリックします。

❸ 検索結果が表示されるので、本書の書名のリンクをクリックします。

❹ 書籍詳細ページが表示されるので、[サンプルデータダウンロード]ボタンをクリックします。

❺ 下記の「ユーザー名」と「パスワード」を入力し、ダウンロードページにアクセスします。

❻ 「サンプルデータ」のリンク先のファイルをダウンロードし、保存します。

> **サンプルのダウンロードに必要な
> ユーザー名とパスワード**
>
> | ユーザー名 | pyag |
> | パスワード | h7uy |

※ユーザー名・パスワードは、半角英数字で入力してください。また、「J」と「j」や「K」と「k」などの大文字と小文字の違いもありますので、よく確認して入力してください。

サンプルファイルはZIP形式で圧縮していますので、解凍（展開）してお使いください。また、各章ごとにフォルダ分けしています。

目次 *contents*

● CHAPTER-01

プログラミングの準備

● CHAPTER-02
プログラミングの基礎知識

● CHAPTER-03

データ構造①　スタックとキュー

● **CHAPTER-04**

データ構造② リスト、木、グラフ

● CHAPTER-05

アルゴリズムの基礎

● CHAPTER-06

サーチ（探索）

● CHAPTER-07

ソート

● CHAPTER-08

計算量

● CHAPTER-09

ハッシュ

● CHAPTER-10

再帰

⬢ CHAPTER-11

木やグラフによるアルゴリズム

●CHAPTER-12

さまざまなアルゴリズムを学ぶ

CHAPTER
01
プログラミングの準備

>>> **本章の概要**

　この章ではデータ構造とアルゴリズムの概要について説明します。また、プログラミングを学ぶ準備として、拡張子の表示方法と作業フォルダの作り方、Pythonのインストール方法とIDLEという学習用ツールの使い方を説明します。

データ構造と
アルゴリズムについて

　はじめにデータ構造とアルゴリズムとは具体的にどのようなものかを説明します。

◆ データ構造とは

　データ構造とは、コンピューターでデータを扱う際に、どのように整理・管理するかを意味する言葉です。わかりやすくいえば、「データの入れ物」がデータ構造です。

　たとえば本を保管する際、本棚という入れ物は、とても便利です。タイトルの五十音順に本を並べたり、ジャンルごとに保管することで、必要な本をすぐに見つけることができます。

　もし、複数の本を段ボール箱に入れて保管した場合、取り出すのに手間が掛かるでしょう。しかし、段ボール箱はジャガイモやサツマイモの保管には適しています。

●物を適切に保管する

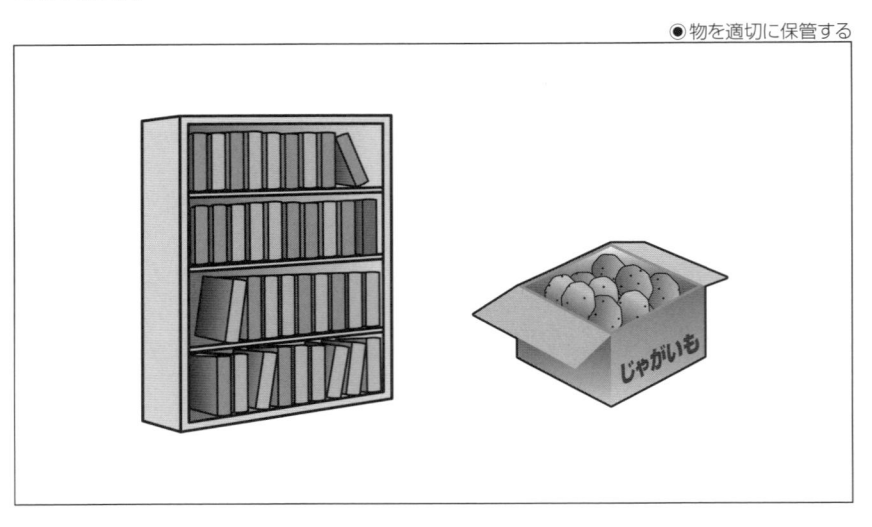

　私たちは適切な「入れ物」を使うことで、効率的に物を保管し、取り出すことができます。

　コンピューターで扱うデータも同様です。データの種類や量に応じて適切なデータ構造を選ぶと、効率のよいデータの保存や検索が可能になります。

　プログラムではさまざまなデータ構造を活用し、効率的にデータを扱うことが求められます。代表的なデータ構造に、配列、スタック、キュー、リスト、木、グラフがあります。本書では、それらのデータ構造の仕組みを学びます。

🔹 アルゴリズムとは

　アルゴリズムとは、問題や課題を解決するための明確な手順や手法を意味する言葉です。

　数学の基本的なアルゴリズムに**筆算**があります。たとえば、83729×6451のような大きな桁の数による計算は、暗算が得意な一部の人以外は、頭の中で答えを出すことは困難です。しかし、筆算による計算法を学ぶと、誰でも大きな数による計算の答えを出せるようになります。

●筆算の例

```
        83729                    53942
   ×     6451            781 ╱ 42128702
        83729                  3905
       418645                  3078
       334916                  2343
      502374                   7357
     540135779                 7029
                               3280
                               3124
                               1562
                               1562
                                  0
```

🧊 さまざまなアルゴリズムがある

数学、物理、化学などの問題を解く手順全般がアルゴリズムになります。ただし、アルゴリズムは勉学に限ったものだけではありません。世の中にはさまざまなタイプのアルゴリズムが存在します。身近な例として料理の**レシピ**(作り方の手順)を挙げることができます。

●レシピに従えば誰でも料理を作れる

たとえばカレーの作り方を知らない人に「カレーを作ってください」と指示を出したとします。ほとんどの人が一度はカレーを食べたことがあるでしょうから、作り方を知らなくても何となく想像できるかもしれません。しかし、想像しながら作るには時間が掛かり、失敗する可能性もあります。仮に料理が完成したとしても、それが本当に「カレー」と言えるかどうかは保証されません。

一方でカレーの材料と作り方が書かれたレシピがあれば、課題を出された人は、それを見て必要な材料を揃え、手順に従って調理することができます。食材をスーパーで購入し、レシピの通りに材料を切って、炒め、煮込んだりして、最後にルーや調味料を加えることで、カレーが完成します。

はじめて作るときは味の仕上がりに差があるかもしれませんが、レシピという「手順書」があれば、誰でも未知の料理を作ることができるのです。つまり、料理の手順を示したレシピは、ある課題を解決するための手順、すなわちアルゴリズムそのものといえます。

このように、アルゴリズムは物事を効率的に完成させる手段として日常生活のさまざまな場面で用いられています。

データ構造とアルゴリズムを学ぶ必要性

　データ構造とアルゴリズムの重要性を理解した上で本書を手にしてくださった方が多いことでしょう。それらはソフトウェア開発の要と言えるものです。ここでデータ構造とアルゴリズムの大切さについて改めて考えてみましょう。

🧊 データを効率よく処理する知識のベースとなる

　プログラミングでは、データの種類や量、目的に応じて最適なデータ構造を選ぶことで、プログラムを効率的に動かすことができます。逆に間違ったデータ構造を使うと、プログラムが複雑になったり、実行速度が遅くなってしまうことがあります。そのため主要なデータ構造に関する知識は、プログラマーにとって大切なものです。

　たとえば、**配列**はメモリを連続的に使用するデータ構造で、データへのアクセスが非常に高速です。しかし、新しい要素を追加したり削除するのには向いていません。一方、**リスト**というデータ構造は要素の追加や削除が柔軟にできますが、配列よりもデータのアクセスが遅くなることが多いです。

　プログラムが高速な処理を必要とするのか、頻繁にデータの追加や削除を行うのかに応じて、選ぶべきデータ構造が違ってきます。データ構造の基本的な特性を知らないと、限られた方法でしか対処できず、プログラムの性能や保守性を損ねることがあります。

　データ構造に関する知識は効率的なプログラムを作るために必要なものです。プログラマーは、一度、その基礎を学んでおくことが大切です。

🧊 ソフトウェアはアルゴリズムを組み合わせて作られる

　アルゴリズムの重要性を理解するために、ソフトウェアの構成を考えてみます。

　ソフトウェアは、プログラミングの基礎知識が土台となり、その上にアルゴリズムが組み込まれます。さらに、**UI（ユーザーインターフェイス）** などが設計されます。次の図は、その構成をイメージしたものです。

●ソフトウェアの構成

ソフトウェア

UI(ユーザーインターフェイス)の設計
↑
アルゴリズム
↑
プログラミングの基礎知識

ソフトウェアを開発するには、まず、プログラミングの基礎知識(変数、配列、条件分岐、繰り返しなど)が必要です。これらの基礎をもとにアルゴリズムを組み立てます。ソフトウェアは一般的に複数のアルゴリズムを使って作られます。たとえば、データの並べ替え(**ソート**)やデータの探索や検索(**サーチ**)は、多くのソフトウェアで使われる基本的なアルゴリズムです。

アルゴリズムの知識があると効率的にソフトウェアを開発できます。また、新しいアルゴリズムを自分で設計するときに、その知識が役立ちます。アルゴリズムをよく理解していれば、よりよい処理を短時間で組み込むことが可能です。ソフトウェア開発の中心にアルゴリズムがあるので、それを学ぶことはプログラマーにとって重要です。

なお、ソフトウェア開発では、図で示したUI(ユーザーインターフェイス)の設計が必要なものもあります。UIの設計自体はアルゴリズムではありませんが、どのようなデータを入力し、それをどのようなアルゴリズムで処理し、結果をどのように出力するかという一連の流れの中でUIとアルゴリズムには関りがあります。

● アルゴリズムに関する補足

アルゴリズムには自分でプログラミングするものもあれば、すでに用意されているものを利用する場合もあります。たとえば現代のプログラミング言語や開発環境には、命令1つで簡単に使用できる便利なアルゴリズムが、いくつも組み込まれています。そのような命令を使うと、それに対応するアルゴリズムが実行されます。

本書では、コンピュータープログラミングの世界で広く知られているデータ構造とアルゴリズムに焦点を当て、それらをイチからプログラミングして仕組みを理解しながら、プログラミング技術の向上を目指します。

中にはPythonに標準搭載されたアルゴリズムもあります。それらについては、Pythonの組み込み命令を利用する方法も併せて説明し、効率的な学習を行っていきます。

01
02
03
04
05
06
07
08
09
10
11
12

プログラミングの準備

拡張子の表示と
作業フォルダの作成

プログラミングを始める準備として、拡張子の表示と作業フォルダの作成を行います。

🔹 拡張子について

拡張子はファイル名の末尾に付く、ファイルの種類を表す文字列です。拡張子をすでに表示している場合は、ここは飛ばして、作業フォルダの作成へと進みましょう。

ファイル名と拡張子は、次のようにドット（ . ）で区切られます。

●拡張子

画像、文書、動画など、ファイルの種類ごとに拡張子が決められています。たとえば画像ファイルはpngやjpg、動画ならmp4やaviという拡張子になります。

●拡張子の例

ファイルの種類	拡張の例
プログラム（ソースコード）※	py、c、cpp、java、js
画像	png、bmp、gif、jpg
音楽	mp3、ogg、m4a、wav
文書	doc、docx、pdf
テキスト	txt

※Pythonのプログラムファイルの拡張子は「py」です。「c」はC言語、「cpp」はC++、「java」はJava、「js」はJavaScriptのプログラムの拡張子です。

拡張子を表示すれば、ファイルを開かなくても、その中身を推測できるので、ファイルを管理しやすくなります。プログラミング学習やソフトウェア開発で拡張子の表示は必須といえます。Windowsをお使いの方、Macをお使いの方、それぞれ次のようにして拡張子を表示できます。

◆ Windowsで拡張子を表示する

Windows11ではフォルダを開いて、「表示」→「表示」→「ファイル名拡張子」にチェックを入れます。

Windows10ではフォルダを開いて、「表示」タブをクリックし、「ファイル名拡張子」にチェックを入れます。

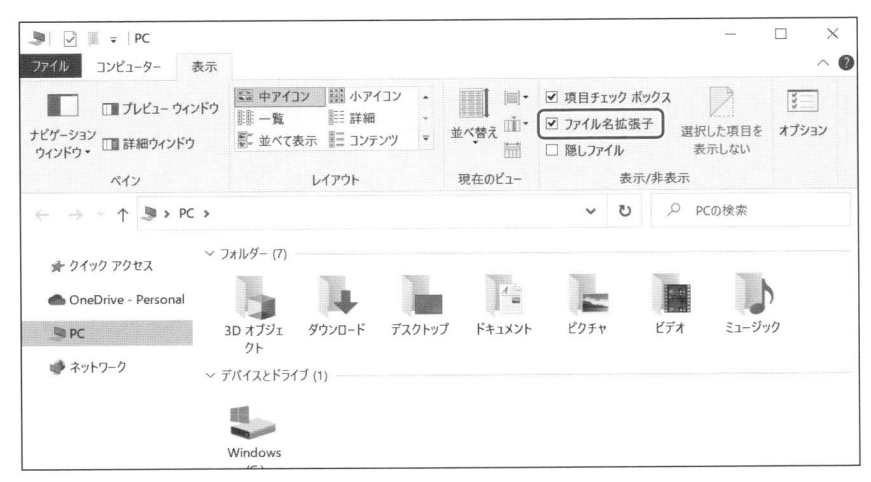

◆ Macで拡張子を表示する

Finderの「設定」を選び、「詳細」にある「すべてのファイル名拡張子を表示」にチェックを入れます。

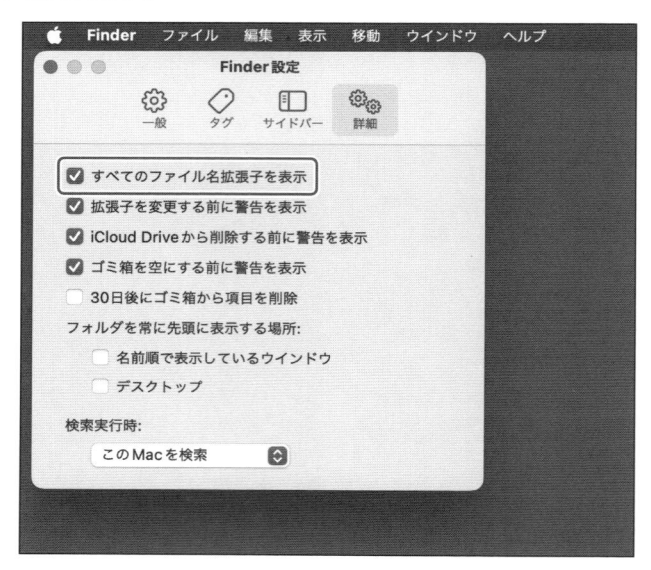

● 作業フォルダを作る

本書ではいろいろなプログラムを記述します。学習用のフォルダを作り、そこにプログラムを保存すると、復習するときにわかりやすいので、フォルダを決めて保存することをおすすめします。

WindowsとMac、それぞれのフォルダの作り方を説明します。

◆ Windowsで新規フォルダを作る

デスクトップで右クリックすると開くメニューの「新規作成」→「フォルダー」を選ぶと、新しいフォルダが作られます。Windows10、11ともに、この方法でフォルダを作ります。

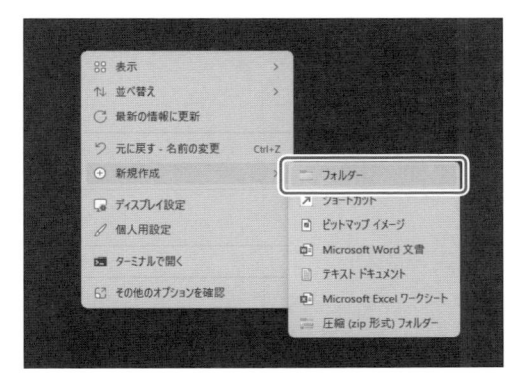

◆ Macで新規フォルダを作る

画面上部のメニューバーの「ファイル」から「新規フォルダ」を選びます。

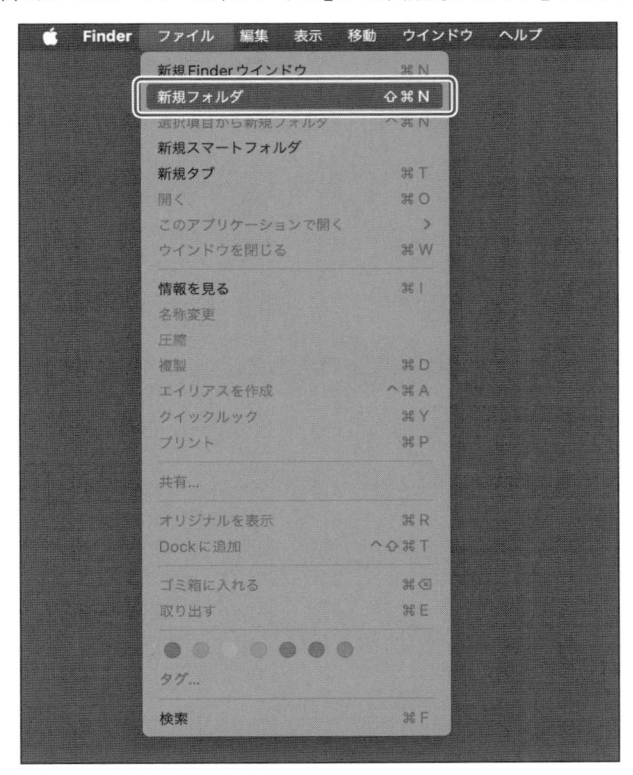

　新しく作ったフォルダ名を「アルゴリズム学習」などのわかりやすい名称に変えておきましょう。

Pythonをインストールする

WindowsとMac、それぞれへのインストール方法を説明します。Macの場合は32ページを参照してください。

◆ Windowsパソコンへのインストール

WebブラウザでPythonの公式サイト「https://www.python.org」にアクセスし、「Downloads」にある「Python 3.*.*」のボタンをクリックします。

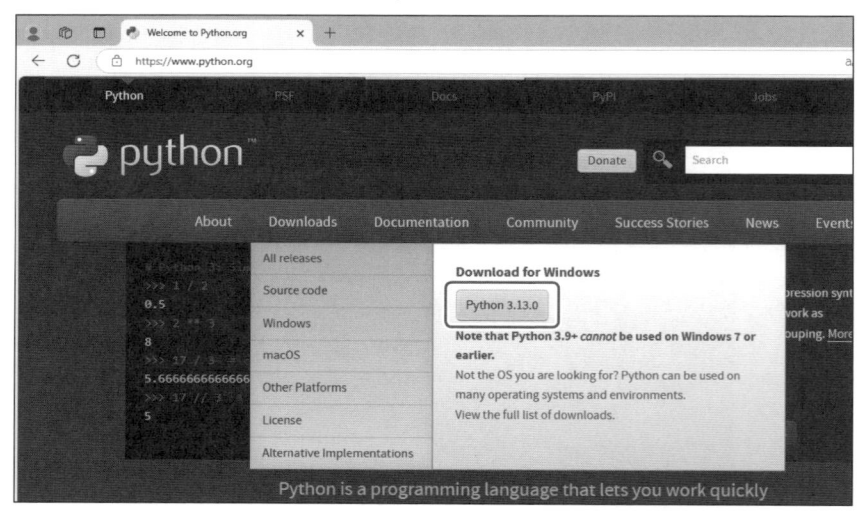

「ファイルを開く」をクリックするか、ダウンロードしたファイルを実行してインストールを始めます。ダウンロードしたファイルは、ダウンロードフォルダに入っています。

※ダウンロードしたファイルがどう表示されるかは、ブラウザの種類やOSのバージョンによって異なります。

　「Add python.exe to PATH」にチェックを入れ、「Install Now」をクリックします。

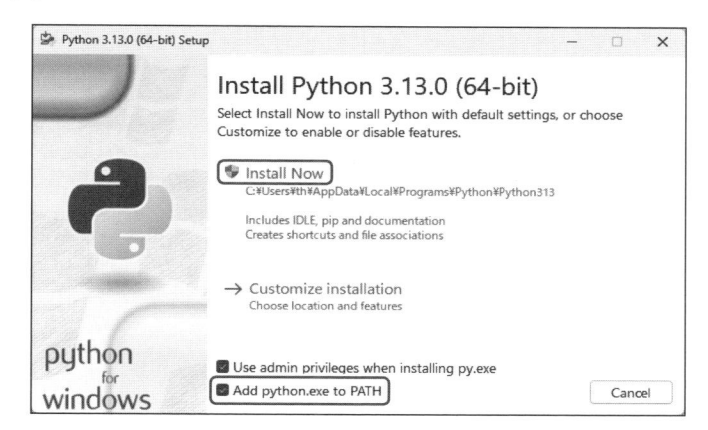

　「Setup was successful」の画面で「Close」ボタンをクリックします。これでインストール完了です。

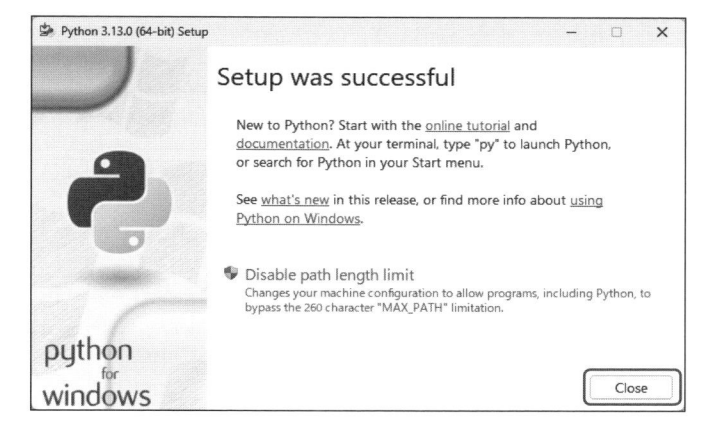

🔹 Macへのインストール方法

WebブラウザでPythonの公式サイト「https://www.python.org」にアクセスし、「Downloads」にある「Python 3.*.*」のボタンをクリックします。

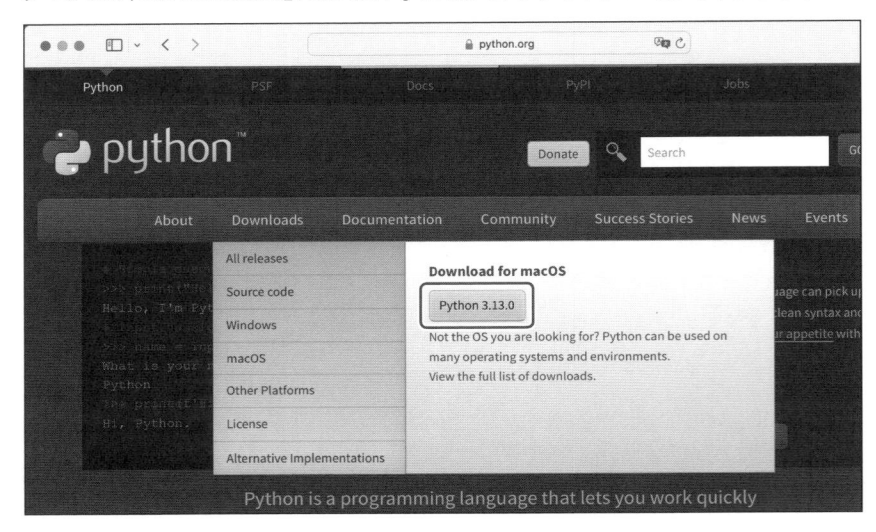

ダウンロードしたファイルはダウンロードフォルダに入ります。`python-3.*.*-macos**.pkg` を実行してインストールを始めます。

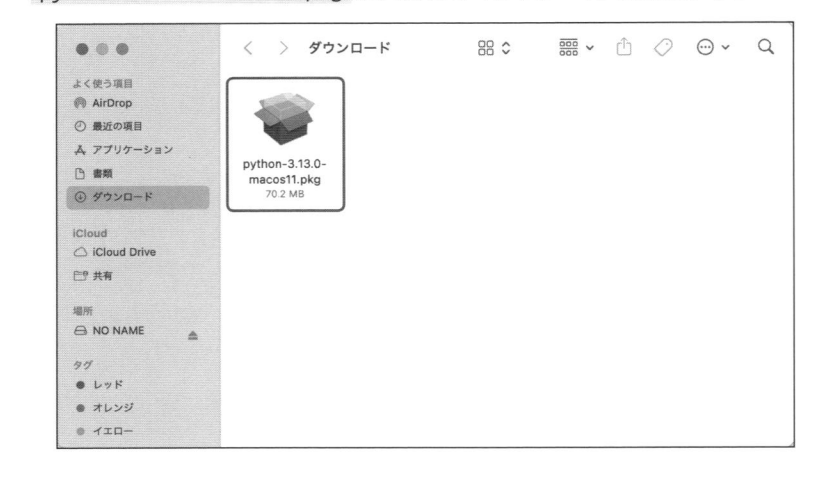

「続ける」ボタンをクリックし、インストールを始めます。

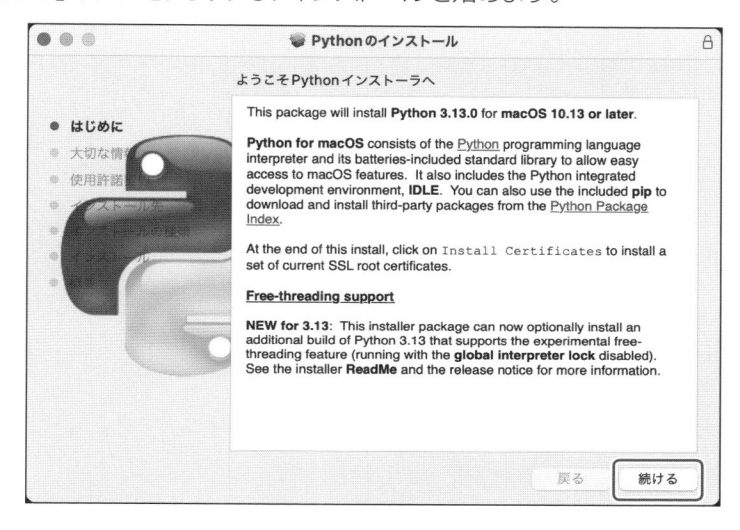

仕様許諾契約に「同意する」を選び、画面の指示に従ってインストールを続けましょう。カスタマイズは不要です。

「インストールが完了しました。」の画面で「閉じる」ボタンをクリックします。これでインストール完了です。

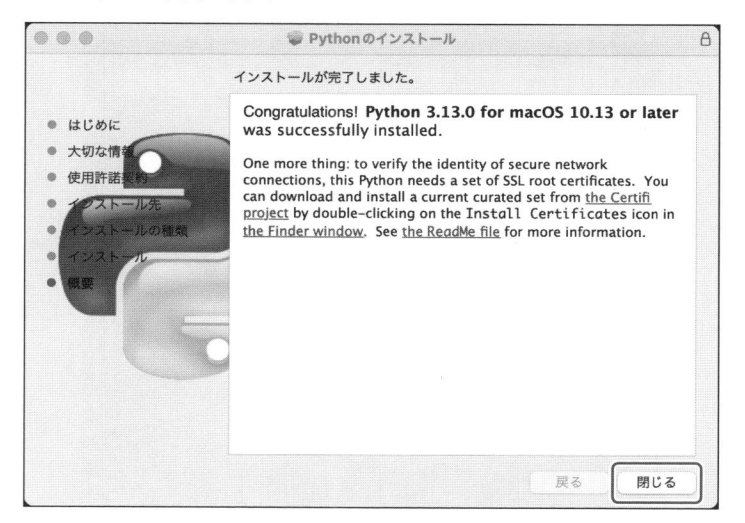

01

プログラミングの準備

02
03
04
05
06
07
08
09
10
11
12

SECTION-05

プログラムの記述、保存、動作確認

PythonをインストールするとIDLE（アイドル）という開発ツールが使えるようになります。本書ではIDLEを使用してプログラムを入力し、データ構造とアルゴリズムを学んでいきます。IDLEの使い方を説明します。

● IDLEについて

IDLEはPythonと一緒にインストールされる標準的な統合開発環境です。
統合開発環境とはソフトウェア開発に用いるツールのことで、プログラムを入力して動作確認を行う機能を備えています。

IDLEでプログラムを記述するファイルを新規に作成し、そこにプログラムを記述して、動作確認を行います。

なお、プログラムをソースコードやコードと呼ぶこともありますが、本書ではプログラムという呼び方で統一します。

● IDLEを起動する

Windowsパソコンでは「スタート」から「すべてのアプリ」を選び、「Python *.**」にあるIDLEのアイコンをクリックしてIDLEを起動します。

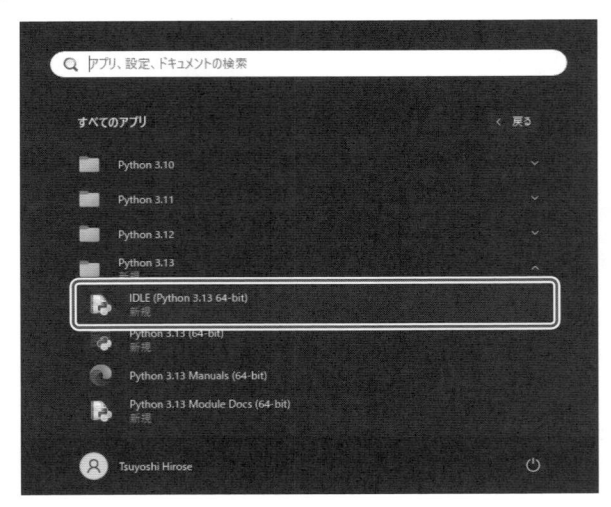

Macでは「Launchpad」から「IDLE」を選んで起動します。

ここからWindowsの画面でIDLEの使い方を説明します。Macでも同じ操作になります。

起動したIDLEの画面を**シェルウィンドウ**といいます。

●起動したIDLEの画面（シェルウィンドウ）

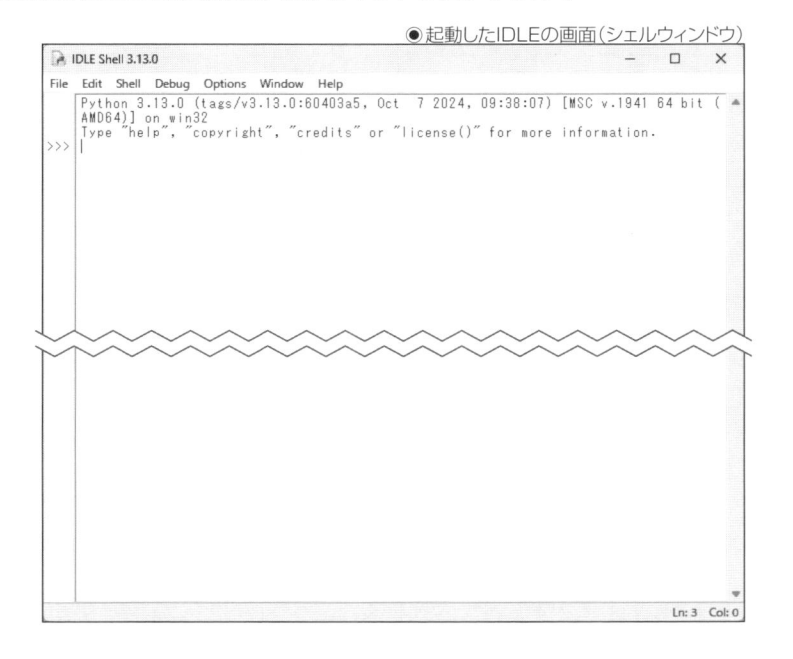

🔷 エディタウィンドウを開く

IDLEでは**エディタウィンドウ**と呼ばれるコードエディタにプログラムを入力して、ファイルを保存し、動作確認を行います。**コードエディタ**とは、プログラムやテキストデータなどを入力するツールのことです。

エディタウィンドウの使い方を説明します。IDLEのメニューバーにある「File」→「New File」を選ぶと、エディタウィンドウが開きます。

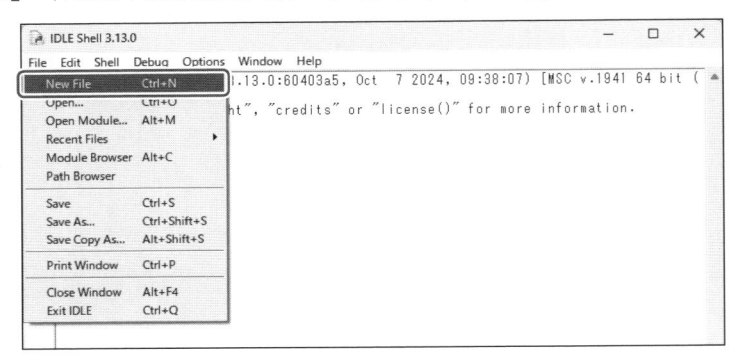

エディタウィンドウとシェルウィンドウは似ているので、混同しないようにしましょう。次の図のようにタイトルがuntitledとなっているものがエディタウィンドウです。

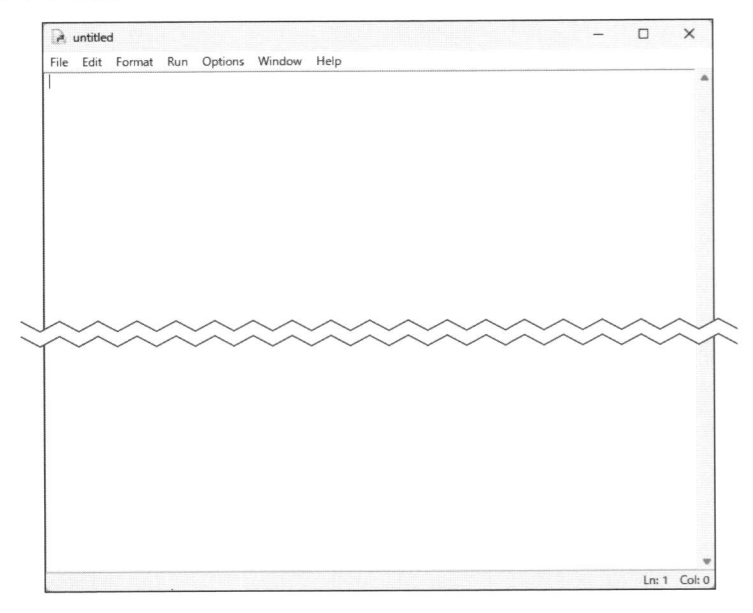

エディタウィンドウのメニューにある「Options」の「Show Line Numbers」を選ぶと、行番号が表示されます。

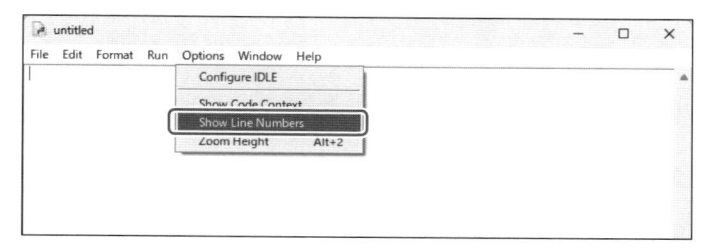

行番号がわかると書面のプログラムと照らし合わせて学習を進めやすいので、行番号の表示をおすすめします。なお、ソフトウェア開発では何行にも渡るプログラムを入力するので、行番号の表示は必須です。

● プログラムを入力する

エディタウィンドウにプログラムを入力しましょう。ここでは次の図のように2行のプログラムを入力してみます。

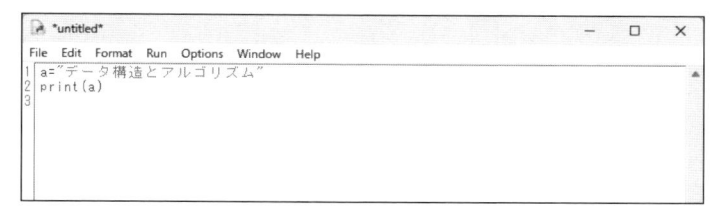

ここで入力したプログラムは次のようになります。

SAMPLE CODE 「Chapter1」→「test.py」

```
1: a = "データ構造とアルゴリズム"
2: print(a)
```

プログラムを入力する際の注意事項をお伝えします。

- プログラムの命令、変数、計算式は半角文字で入力する。
  - プログラムは大文字と小文字を区別する。
- このプログラムの「データ構造とアルゴリズム」は文字列になる。
  - 文字列を扱うときは、それをダブルクォート(")でくくる。
- ダブルクォートでくくった中には全角文字を記述できる。

このプログラムは次のような内容です。

行番号	プログラム	説明
01	a = "データ構造とアルゴリズム"	aという変数に文字列を代入する
02	print(a)	aの中身を画面に出力する

変数の意味や `print()` の使い方は次の章から順に説明します。

● プログラムを保存する

プログラムを入力したら「File」→「Save as」を選び、ファイル名を付けて保存します。

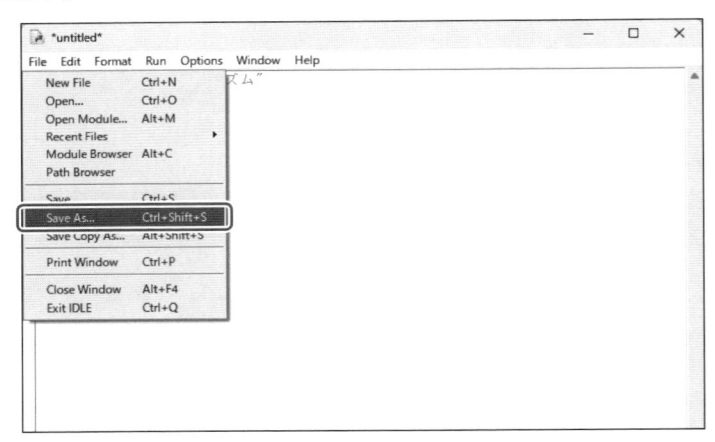

作業フォルダにプログラムを保存しましょう。いったん名前を付けて保存したら、2回目以降の上書き保存は「File」→「Save」か、「Ctrl」+「S」キー（Macでは「command」+「S」キー）で行います。

● プログラムを実行する

「Run」→「Run Module」を選んでプログラムを実行します。「F5」キーでも実行できます。

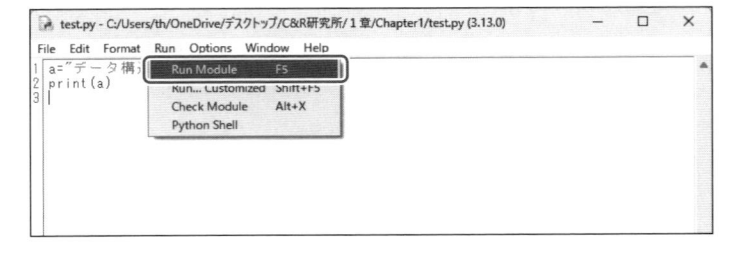

次のようにシェルウィンドウに文字列が出力されれば正しく動作しています。

```
IDLE Shell 3.13.0                                    □  ×
File  Edit  Shell  Debug  Options  Window  Help
Python 3.13.0 (tags/v3.13.0:60403a5, Oct  7 2024, 09:38:07) [MSC v.1941 64 bit (
AMD64)] on win32
Type "help", "copyright", "credits" or "license()" for more information.

======== RESTART: C:/Users/th/OneDrive/デスクトップ/C&R研究所/1 章/Chapter1/test
.py ========
データ構造とアルゴリズム
>>> |
```

🔷 エラーの原因を調べる

エラーが出たらプログラムを見直して間違いを修正しましょう。エラーの例
を示します。

```
Traceback (most recent call last):
  File "C:/Users/th/OneDrive/デスクトップ/アルゴリズム学習/Chapter1/test.
py", line 2, in <module>
    Print(a)
NameError: name 'Print' is not defined. Did you mean: 'print'?
```

この例ではエラーメッセージにある「line 2」と「Print(a)」がエラーを見つ
けるヒントです。また、「Printは定義されておらず、printでは?」というヒント
となる英文が表示されています。

これは `print()` と小文字にすべきところを、 `Print()` と大文字で記述した
ために発生したエラーです。

他のエラーの例として、1行目の最後のダブルクォート(`"`)を全角で入力
すると、プログラムを実行できません。

🔷 コメントの書き方

プログラムに命令の使い方や処理の内容などをメモのように書くことがで
きます。それを**コメント**といいます。Pythonでは `#` を使ってコメントを記述
します。コメントの例を確認します。

●コメントを記述したプログラム

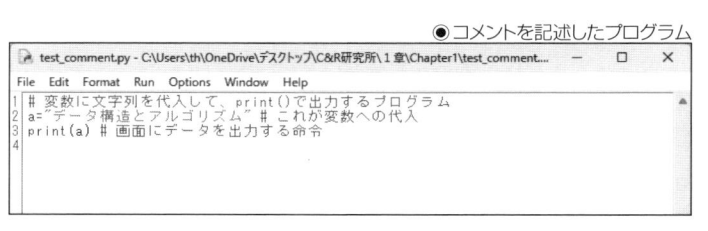

```
test_comment.py - C:\Users\th\OneDrive\デスクトップ\C&R研究所\1 章\Chapter1\test_comment...   □  ×
File  Edit  Format  Run  Options  Window  Help
1 # 変数に文字列を代入して、 print()で出力するプログラム
2 a="データ構造とアルゴリズム" # これが変数への代入
3 print(a) # 画面にデータを出力する命令
4
```

01
プログラミングの準備
02
03
04
05
06
07
08
09
10
11
12

　このプログラムを実行すると、1行目は無視され、2行目に進みます。2行目で変数に文字列を代入します。2行目の `#` から後の部分は無視されます。3行目に処理が進み、`print()` で変数の中身を出力します。`#` から後の部分は無視されます。

　プログラミングの学習で命令の使い方などをコメントしておくと、復習するときに役立ちます。また、長いプログラムを入力してソフトウェアを制作する際、処理の説明をコメントしておけば、プログラムを見直したり改良するときに役立ちます。

　その他のコメントの使い方として、ソフトウェア制作中に一部の命令の頭に `#` を付け、その命令が実行されないようにして動作を確認することがあります。プログラムの一部をコメントとすることを**コメントアウト**するといいます。

🔹 プログラムの入力と実行方法のまとめ

　IDLEを使ってプログラムを入力し、動作確認する手順をまとめます。

❶ IDLEを起動して、「File」→「New File」でエディタウィンドウを開きます。

❷ メニューの「Options」→「Show Line Numbers」で行番号を表示します。

❸ エディタウィンドウにプログラムを入力します。プログラムを組むとき、数字、記号、命令は半角文字で入力します。

❹ 「File」→「Save as」でファイル名を付け、保存先を指定してプログラムを保存します。いったん保存したら、以後は「Ctrl」+「S」キーで上書き保存できます。

❺ 「Run」→「Run Module」でプログラムを実行します。「F5」キーでも実行できます。

❻ シェルウィンドウに結果が出力されます。

❼ エラーが出た場合、原因を探してプログラムを修正します。

IDLEを楽しく使用する

　IDLEのシェルウィンドウに、直接、計算式や命令を入力して実行することができます。ここで紹介する方法を試すときは、プログラムを入力するファイルを作る必要はありません。

🔲 IDLEを電卓として使う

　IDLEで計算してみましょう。シェルウィンドウに半角の数字と記号で計算式を入力し、「Enter」キー（「return」キー）を押すと、答えが出力されます。足し算と引き算は数学と同じ + と - の記号を使って計算します。掛け算は * （アスタリスク）、割り算は / （スラッシュ）を使います。計算に用いる記号はCHAPTER 02で改めて説明します。

※エディタウィンドウではなく、シェルウィンドウに直接、計算式を入力します。

```
IDLE Shell 3.13.0                                          −  □  ×
File  Edit  Shell  Debug  Options  Window  Help
    Python 3.13.0 (tags/v3.13.0:60403a5, Oct  7 2024, 09:38:07) [MSC v.1941 64 bit (
    AMD64)] on win32
    Type "help", "copyright", "credits" or "license()" for more information.
>>> 1+2
    3
>>> 10-4
    6
>>> 7*5
    35
>>> 100/20
    5.0
>>>
```

🔲 カレンダーの機能を使う

　Pythonにはカレンダーを扱う命令があります。

　シェルウィンドウに import calendar と入力して「Enter」キーを押します。次に print(calendar.month(西暦,月)) と入力して「Enter」キーを押します。西暦と月は半角の数字で入力します。すると次のようにカレンダーが出力されます。

```
IDLE Shell 3.13.0                                          −  □  ×
File  Edit  Shell  Debug  Options  Window  Help
    Python 3.13.0 (tags/v3.13.0:60403a5, Oct  7 2024, 09:38:07) [MSC v.1941 64 bit (
    5.0
>>> import calendar
>>> print(calendar.month(2025,5))
         May 2025
    Mo Tu We Th Fr Sa Su
              1  2  3  4
     5  6  7  8  9 10 11
    12 13 14 15 16 17 18
    19 20 21 22 23 24 25
    26 27 28 29 30 31
```

import（インポート）という記述はPythonに特別な仕事させるときに使います。ここではカレンダーの機能を使うために import calendar としました。

print() は文字列や数を出力する命令で、ここではカレンダーを表示するために使いました。

1年分のカレンダーも出力できます。 print(calendar.prcal(西暦)) と入力して「Enter」キーを押しましょう。西暦は半角の数字で入力します。

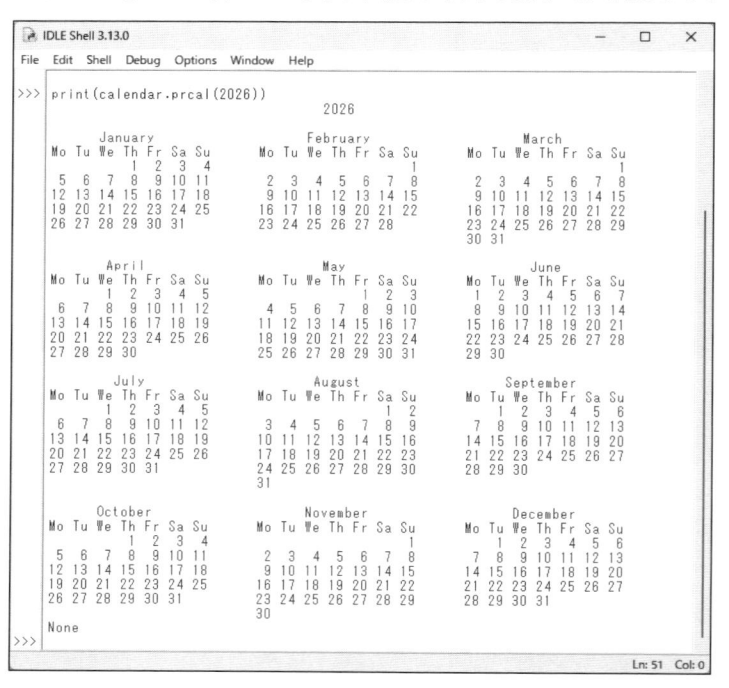

🔖 Pythonにホームページを開かせる

Pythonにホームページを開かせることができます。

シェルウィンドウに import webbrowser と入力して「Enter」キーを押します。次に webbrowser.open("https://www.c-r.com") と入力して「Enter」キーを押します。すると、本書の発行元であるC&R研究所のサイトが開きます。

URLを変えれば他のサイトを開くことができます。

🎁 おみくじを引かせる

シェルウィンドウに次の3行を1行ずつ入力しましょう。1行入力するごとに「Enter」キーを押します。

```
1: import random
2: omikuji = ["大吉", "中吉", "小吉", "凶"]
3: random.choice(omikuji)
```

`random.choice(omikuji)` と入力して「Enter」キーを押したときに、「大吉」「中吉」「小吉」「凶」のいずれかが出力されます。再び `random.choice(omikuji)` と入力してEnterキーを押すと、次のおみくじを引くことができます。

```
IDLE Shell 3.13.0                                    —   □   ×
File  Edit  Shell  Debug  Options  Window  Help
>>> import random
>>> omikuji = ["大吉", "中吉", "小吉", "凶"]
>>> random.choice(omikuji)
    '小吉'
>>> random.choice(omikuji)
    '小吉'
>>> random.choice(omikuji)
    '大吉'
>>> random.choice(omikuji)
    '中吉'
>>> random.choice(omikuji)
    '中吉'
>>> |
```

`import random` は乱数を使うための準備です。`omikuji = ["大吉", "中吉", "小吉", "凶"]` で、おみくじの種類（文字列）を `omikuji` という入れ物（配列）に代入しています。`random.choice(omikuji)` で、その中のどれか1つをPythonに選ばせています。

乱数の使い方はCHAPTER 02のコラムで説明します。

01
プログラミングの準備
02
03
04
05
06
07
08
09
10
11
12

COLUMN
筆者がアルゴリズムを学ぶ必要性を痛感したとき

　筆者は大学卒業後、ナムコというゲームメーカーにプランナーとして就職しました。プランナーの主な仕事はゲームの企画立案で、プログラムを組むことはしません。しかし、学生時代に趣味でプログラミングを楽しんだ筆者は、会社でもプログラムを組みたくなりました。そこで上司に相談し、業務でプログラムを組む許可をもらい、企画業務に携わる傍ら、プライズマシンやエレメカと呼ばれる業務用ゲーム機を制御するコードをアセンブリ言語で組むようになりました。そのプログラムはモーターを回したり、筐体（ゲームの基板や機械が入る箱）のランプを点灯させるなどの単純な処理が中心だったので、アルゴリズムというものを意識しなくてもコードを記述できました。

　その後、任天堂の子会社にプログラマーとして転職し、家庭用ゲームソフトの開発に従事しました。家庭用ゲームソフトの場合、単純な機械制御よりプログラムは格段に複雑になります。そのとき、はじめて、プログラミングの基礎知識はもちろんのこと、データ構造とアルゴリズムを学んでおく必要があることに気付きました。家庭用ゲームの開発ではグラフィック、サウンド、文章など多くのデータを扱い、プログラミングによってゲーム内にさまざまなルールを作り上げます。ユーザーの入力に応じて各種の計算を行い、さらに〝面白さ〟という曖昧なモノを実現することがゲームプログラマーの仕事です。家庭用ゲームソフトの開発で、ゲームは多くのアルゴリズムを駆使して作られることを実感しました。そこで家庭用ゲームソフトのプログラマーになった後、いくつかの書物やネットの情報でアルゴリズムを学び、技術力を磨いた時期があります。

　ゲーム開発におけるアルゴリズムの大切さをお伝えしましたが、これはゲームに限ったことではありません。時代が進むにつれ、より高度なソフトウェアやアプリケーションの開発が行われるようになりました。多くの開発分野において、アルゴリズムをしっかり学んだプログラマーは効率のよい開発ができることは間違いありません。

CHAPTER
02
プログラミングの基礎知識

≫≫≫≫ **本章の概要**

　この章では、出力と入力、変数と配列、条件分岐、繰り返し、関数というプログラミングの基礎知識について学びます。

　Pythonには、C言語、Java、JavaScriptなどの他の有名なプログラミング言語と異なる記述ルールや特徴があります。プログラミングの基礎知識をお持ちでも、Pythonを使用されたことのない方は、この章に一通り目を通してからデータ構造とアルゴリズムの学習に進みましょう。

出力と入力

コンピューターの基本的な機能である**出力**と**入力**を行う命令の使い方を説明します。

● 「print()」の使い方

文字列や変数の値を**出力**する print() という命令の使い方を、次のプログラムで確認します。

SAMPLE CODE 「Chapter2」→「print_1.py」

```
1: print("データ構造とアルゴリズム")
```

実行結果は次の通りです。

```
データ構造とアルゴリズム
```

文字列を扱うときは、その前後を**ダブルクォート**(")でくくります。Pythonでは**シングルクォート**(')を使うこともできますが、本書ではC言語やJavaなどの広く使われているプログラミング言語と同じルールで、ダブルクォートで文字列をくくります。

● 数値と文字列の違いを確認する

print() の中に計算式を記述したプログラムを確認します。

SAMPLE CODE 「Chapter2」→「print_2.py」

```
1: print(100 + 23)
```

実行結果は次の通りです。

```
123
```

計算式の答えが出力されます。

次に print(100 + 23) の () 内の式を、"100 + 23" とダブルクォートでくくって実行しましょう。

SAMPLE CODE 「Chapter2」→「print_3.py」

```
1: print("100 + 23")
```

実行結果は次の通りです。

```
100 + 23
```

ダブルクォートでくくったものは文字列になるので、計算は行われず、そのまま出力されます。

「input()」の使い方

文字列を**入力**する input() の使い方を次のプログラムで確認します。

SAMPLE CODE 「Chapter2」→「input_1.py」

```
1: s = input("あなたの名前は？ ")
2: print(s, "さん、こんにちは")
```

シェルウィンドウに「あなたの名前は?」と表示されてカーソルが点滅します。文字列を入力して「Enter」キー(「return」キー)を押しましょう(ここでは例として筆者の名前「廣瀬　豪」を入力したとします)。

実行結果は次のようになります。

```
あなたの名前は？廣瀬　豪
廣瀬　豪 さん、こんにちは
```

このプログラムは input() で入力した文字列を変数 s に代入し、s の値と「さん、こんにちは」という文字列を print() で出力しています。

変数は文字列や数値を保持する入れ物で、次の節で説明します。

print() に変数 s と文字列をコンマ(,)で区切って記述しました。Pythonの print() に複数の項目をコンマ区切りで記述すると、それらの値をまとめて出力できます。

変数と配列

プログラムで変数や配列にデータを入れて扱います。この節では、**変数**と**配列**の使い方を説明します。

🔶 変数への代入

変数とは、コンピューターのメモリ上に作られる、データを入れる箱のようなものです。

次の図は i という名前の変数に整数を代入し、f という変数に小数を代入し、s という変数に文字列を代入する様子を表しています。変数に値を入れることを**代入する**といいます。

● 変数のイメージ

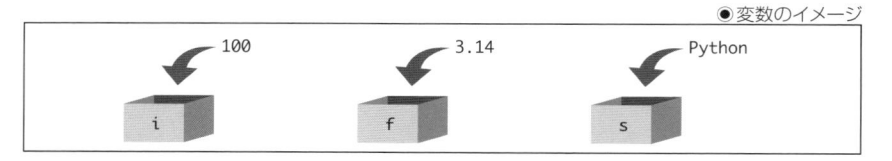

これをプログラムで記述します。

SAMPLE CODE 「Chapter2」→「variable_1.py」

```
1: i = 100
2: f = 3.14
3: s = "Python"
4: print("変数iの値", i)
5: print("変数fの値", f)
6: print("変数sの値", s)
```

実行結果は次の通りです。

```
変数iの値 100
変数fの値 3.14
変数sの値 Python
```

プログラムの変数は、数学の $x = 1$、$y = x^2$ などの変数と似たものですが、プログラムでは変数で文字列を扱うことができます。

変数や配列に数や文字列などのデータを代入して計算や判定を行います。計算式の書き方、値を調べる方法、配列について、この後、順に説明します。

🔹 変数定義と代入演算子

Pythonで変数を使うときは、**変数名　=　初期値** と、最初に代入する**初期値**を記述します。これを変数の**定義**といいます。値を入れるための **=** は**代入演算子**と呼ばれます。

他のプログラミング言語で、使う変数名だけを**宣言**し、後で初期値を代入できるものがあります。Pythonでは宣言と同時に初期値を代入します。

C言語、C++、Javaなどのプログラミング言語は、変数を宣言や定義する際、データ型の指定が必要です。一方、Pythonはデータ型を指定しません。データ型について後述します。

🔹 変数名の付け方

変数名の付け方のルールを説明します。

- アルファベットと「_」(アンダースコア)を用いる
  - 例)○ score = 0、○ user_id = 7777、○ science = "科学"
- 数字を含めることができるが、数字から始めてはいけない
  - 例)○ user1 = "ユーザー名"、× 1user = "ユーザー名"
- 予約語は使えない
  - 例)× if = 0、× for = 20、× and = "合計"

Pythonの変数名は小文字とするのが一般的ですが、大文字も使えます。小文字と大文字は区別されるので、たとえば `score` と `Score` は別の変数になります。

予約語とはコンピューターに基本的な処理を命じるための語です。Pythonには `if`、`elif`、`else`、`and`、`or`、`for`、`while`、`break`、`continue`、`def`、`import`、`False`、`True` などの予約語があります。

🔹 変数の値の変更

変数の初期値を、計算式を使って別の値に変更するプログラムを確認します。

SAMPLE CODE 「Chapter2」→「variable_2.py」

```
1: score = 0
2: print("スコアの初期値", score)
3: score = score + 10
4: print("10点を加えたスコア", score)
5: score = score / 2
6: print("2で割ったスコア", score)
```

実行結果は次の通りです。

```
スコアの初期値 0
10点を加えたスコア 10
2で割ったスコア 5.0
```

1行目でscoreという変数に初期値を代入し、2行目でその値を出力しています。3行目でscoreの値を計算式を使って変更し、4行目でその値を出力しています。

同様に5行目の式でscoreの値を変更し、6行目で値を出力しています。

10÷2という整数の割り算を行っていますが、Pythonでは割り算の答えは小数になるので、 5.0 と出力されます。

● 演算子について

足し算は + 、引き算は - 、掛け算は * (**アスタリスク**)、割り算は / (**スラッシュ**)を使って記述します。計算に使う記号を**演算子**といいます。

● 演算子

四則算	プログラムで使う記号
足し算(＋)	+
引き算(－)	-
掛け算(×)	*
割り算(÷)	/

Pythonには、これらの演算子の他に、**累乗**を求める演算子 ** 、割り算の商を整数で求める演算子 // 、**剰余**を求める演算子 % があります。累乗とは、たとえば3の2乗(3×3)、5の3乗(5×5×5)のように同じ数を掛け合わせることです。剰余とは、割り算の計算で、割り切れない場合に残る余りのことです。

● データ型について

コンピューターで扱うデータが数なのか、文字列なのかなどの種類を、**データ型**や**型**といいます。Pythonには次のデータ型があります。

● Pythonのデータ型

データの種類	型の名称	値の例
数	整数型(int型、integer型)	−1000、0、2025
	小数型(float型)	−0.07、10.0、3.141592
文字列	文字列型(string型)	Python、データ構造、アルゴリズム
論理値	論理型(bool型)	TrueとFalse

小数型は厳密には浮動小数点数型あるいは浮動小数点型といいます。

論理型は真偽型ともいい、その値は `True`（真）と `False`（偽）の2種類です。論理型は条件分岐を学ぶときに説明します。

🔶 型変換について

整数と小数をまとめて「数」と呼んで説明します。数と文字列は別の型です。それらを計算式に混ぜることはできません。たとえば `1 + "2"` と記述して実行するとエラーになります。

文字列を数として扱うときには**型変換**を行います。Pythonには型変換を行う次の命令（関数）があります。

●型変換を行う命令

関数名	機能
int()	文字列や小数を整数に変換
float()	文字列や整数を小数に変換
str()	数を文字列に変換

🔶 配列について

複数のデータをまとめて管理する**配列**という仕組みがあります。

Pythonには配列を発展させた**リスト**というデータ構造があります。リストは配列よりデータを柔軟に扱える機能を備えていますが、一般的な配列と同様に使用できます。

●一般的な配列のイメージ

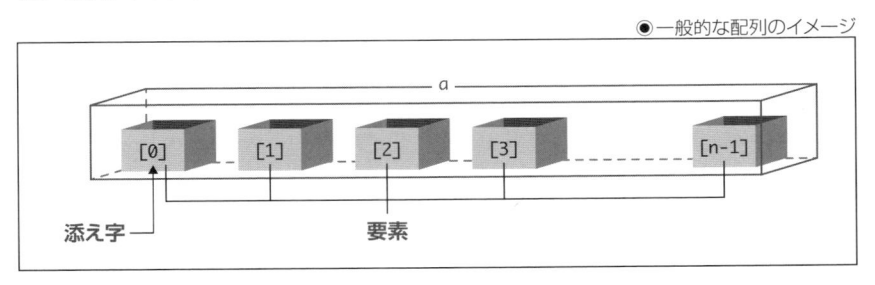

この図にはデータの入れ物が `n` 個あり、それらをまとめて `a` と呼ぶことにします。この `a` が**配列**です。

`a[0]` から `a[n - 1]` の1つひとつの入れ物を**要素**といいます。要素が全部でいくつあるかを**要素数**といいます。

配列の入れ物の番号を**添え字**や**インデックス**といいます。添え字は `0` から始まり、要素数 `n` の配列の最後の添え字は `n - 1` になります。最後の番号は `n` でないことに注意しましょう。たとえば要素数5の配列 `a` は、`a[0]`、`a[1]`、`a[2]`、`a[3]`、`a[4]` の要素を持ちます。

● 配列の定義

Pythonのリストと配列は厳密には別のものですが、本書ではPythonのリストを便宜的に「配列」と呼んで説明します。

配列を使うための基本的な記述を確認します。

● 配列の定義

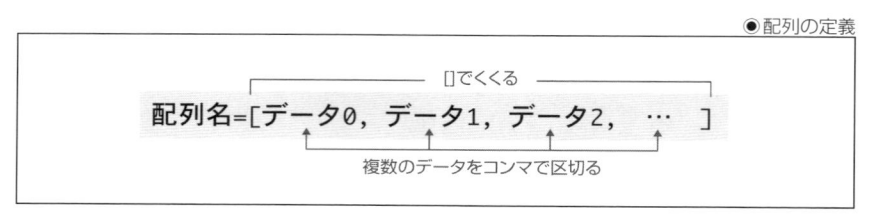

```
[]でくくる
配列名=[データ0, データ1, データ2, … ]
複数のデータをコンマで区切る
```

こう記述すると、要素の1つひとつに初期値が代入されます。

これ以外にも配列を用意する書式があり、データ構造とアルゴリズムの学習で使用する際に説明します。

● 配列をプログラムに記述する

配列を記述したプログラムを確認します。`subject[0]`、`subject[1]`、`subject[2]` という3つの要素に文字列を代入して、それらを出力します。

SAMPLE CODE 「Chapter2」→「array_1.py」

```python
1: subject = ["データ", "計算式", "アルゴリズム"]
2: print("subject[0]", subject[0])
3: print("subject[1]", subject[1])
4: print("subject[2]", subject[2])
```

実行結果は次の通りです。

```
subject[0] データ
subject[1] 計算式
subject[2] アルゴリズム
```

　配列は、繰り返しを行う `for` という命令とともに記述する機会が多いものです。`for` について、まだ説明していないので、2〜4行目の `print()` に `subject[0]`、`subject[1]`、`subject[2]` を1つずつ記述して値を出力しました。61ページの繰り返しの学習で、`for` を使って効率よく配列を扱う方法を説明します。

● 配列を使用するときの注意点

　配列に存在しない要素を扱ってはなりません。たとえばこのプログラムに `subject[3]` は存在しないので、それを扱おうとするとエラーになります。

● 二次元配列について

　縦方向と横方向の添え字でデータを管理する配列を**二次元配列**といいます。二次元配列が具体的にどのようなものかを次の図で説明します。

●二次元配列と添え字

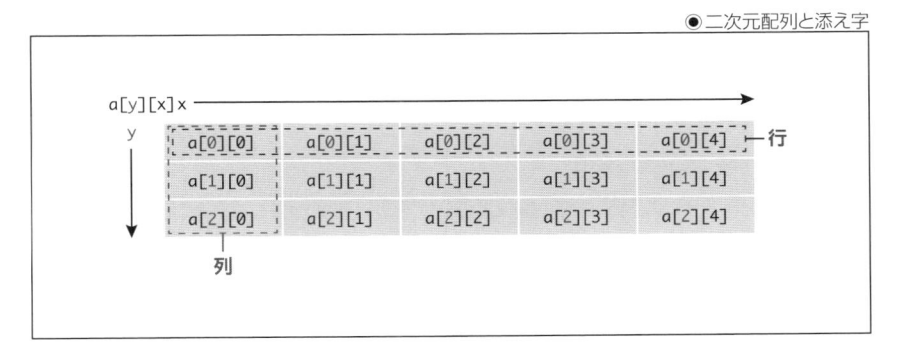

　データの横の並びを**行**、縦の並びを**列**といいます。

　この図は3行5列の二次元配列で、yの値は0〜2、xの値は0〜4になります。

● 二次元配列を記述したプログラム

　二次元配列を記述したプログラムを確認します。二次元配列に初期値を代入し、`print()` で3つの要素の値を出力します。

SAMPLE CODE 「Chapter2」→「array_2.py」

```
1: data = [
2:    [  0,   1,   2,   3,   4],
3:    [-10, -20, -30, -40, -50],
4:    [111, 222, 333, 444, 555]
5: ]
```

```
6: print(data[0][0])
7: print(data[1][2])
8: print(data[2][4])
```

実行結果は次の通りです。

```
0
-30
555
```

4行目の `]` の後ろにコンマ（ `,` ）は不要です。

データの数値を確認しやすいようにコンマの位置を揃えましたが、二次元配列を定義する際、コンマを揃える必要はありません。

🔷 二次元配列の添え字を理解する

二次元配列の行と列の番号を間違えると、プログラムは正しく動作しません。しかし、慣れないうちは、配列名 `[y][x]` の y と x がいくつの要素に、どのデータが入っているのかわかりにくいものです。そこで行と列の番号を理解するヒントをお伝えします。

コンピューターの世界では「横に向かう方向を行」と呼び、「縦に向かう方向を列」と呼びます。表計算ソフトのエクセルも、横方向に並んだ一連のセルを行、縦方向に並んだ一連のセルを列と呼びます。

二次元配列の添え字の番号を理解するために、プログラムの6〜8行目の `[]` 内の添え字を変更して、出力結果を確認しましょう。その際、図と照らし合わせて確認するとわかりやすいでしょう。

なお、国語（日本語）の縦書きの文章は、縦の並びを行と呼びますが、プログラミングはそれと異なり、英語と同様に横の並びが行になります。

条件分岐

　プログラムの命令や計算式は、記述した順に実行されて処理が進みます。その処理の流れを**条件分岐**と呼ばれる仕組みで制御できます。この節では、条件分岐について説明します。

🔷 基本のif文

　Pythonには、`if`、`if〜else`、`if〜elif〜else` の3つの条件分岐があります。

　条件分岐の基本である `if` から確認します。`if` は、ある条件が成立したときに処理を行うための命令です。`if` を使った処理を**if文**といい、次のように記述します。

●if文の記述例

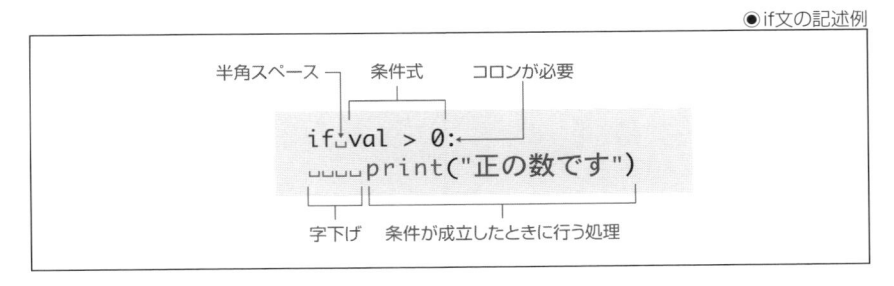

```
if val > 0:
    print("正の数です")
```

半角スペース　条件式　コロンが必要
字下げ　条件が成立したときに行う処理

　条件が成立したか調べる式を**条件式**といいます。`if` と条件式の間に半角スペースが入ります。

　Pythonでは条件が成立したときに行う処理を**字下げ**します。通常、半角スペース4文字分、下げます。字下げは**インデント**とも呼ばれます。

　字下げした部分は**ブロック**と呼ばれる〝処理のまとまり〟になります。条件成立時に複数の処理を行うなら、それらの行をすべて字下げします。

　他のプログラミング言語では、プログラムを読みやすくするためにプログラマーが自由に字下げします。一方、**Pythonの字下げには、処理のまとまりであるブロックを作る役割があります。**

◉ if文のフローチャート

if 文による処理の流れをフローチャートで表します。**フローチャート**とは処理の流れを表す図のことで、**流れ図**とも呼ばれます。

●if文の処理の流れ

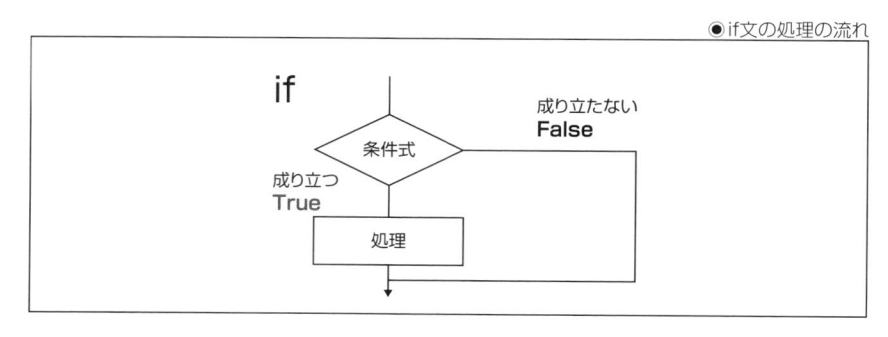

◉ ifを使用して条件分岐するプログラム

if 文の動作を次のプログラムで確認します。

SAMPLE CODE 「Chapter2」→「if_1.py」

```
1: val = 0
2: print("値", val)
3: if val > 0:
4:     print("正の数です")
5: if val < 0:
6:     print("負の数です")
7: if val == 0:
8:     print("ゼロです")
```

実行結果は次の通りです。

```
値 0
ゼロです
```

1行目で val という変数に 0 を代入しています。3行目の val > 0 は、val が 0 より大きなときに成り立つ条件式です。5行目の val < 0 は、val が 0 より小さなときに成り立つ条件式です。7行目の val == 0 は、val が 0 のときに成り立つ条件式です。7行目の条件式が成り立つので、その if 文のブロックに記述した8行目が実行されます。

1行目で代入する値を 0 より大きな数にしたり、0 より小さな数にして、プログラムの動作を確認しましょう。

● 条件式について

条件式は次のように記述します。

●条件式

条件式	何を調べるか
a == b	aとbの値が等しいかを調べる
a != b	aとbの値が等しくないかを調べる
a > b	aはbより大きいかを調べる
a < b	aはbより小さいかを調べる
a >= b	aはb以上かを調べる
a <= b	aはb以下かを調べる

　等しいかを調べるには = （イコール）を2つ並べ、等しくないかを調べるには ! と = を並べます。数の大小は、大なり、小なりの記号で比較します。

　Pythonには真の意味を表す True と、偽の意味を表す False という bool値があります。成り立つ条件式は True になり、成り立たない条件式は False になります。 if 文は条件式が True や 0 以外のときにブロックに記述した処理が行われます。

● if〜elseによる条件分岐

　if〜else を用いると、条件が成り立ったときと、成り立たなかったときの処理を記述できます。

●if〜elseの処理の流れ

　次のプログラムで if〜else の動作を確認します。 else の後ろに**コロン**（ : ）が必要です。

SAMPLE CODE 「Chapter2」→「if_2.py」

```
1: score = 100
2: print("スコア", score)
```

```
3: if score == 0:
4:     print("まだ0点です")
5: else:
6:     print("点数が入りました")
```

実行結果は次の通りです。

```
スコア 100
点数が入りました
```

score という変数に100を代入しています。3行目の条件式は成り立たず、else の次の行に記述した処理が実行されます。

score の初期値を 0 にすると4行目が実行されることを確認しましょう。

● if～elif～elseによる条件分岐

if～elif～else を用いると、複数の条件を順に調べ、成り立った条件に応じた処理を実行できます。他のプログラミング言語の多くは elif の部分を else if としますが、Pythonでは else if を略した elif というキーワードが用いられます。

●if～elif～elseの処理の流れ

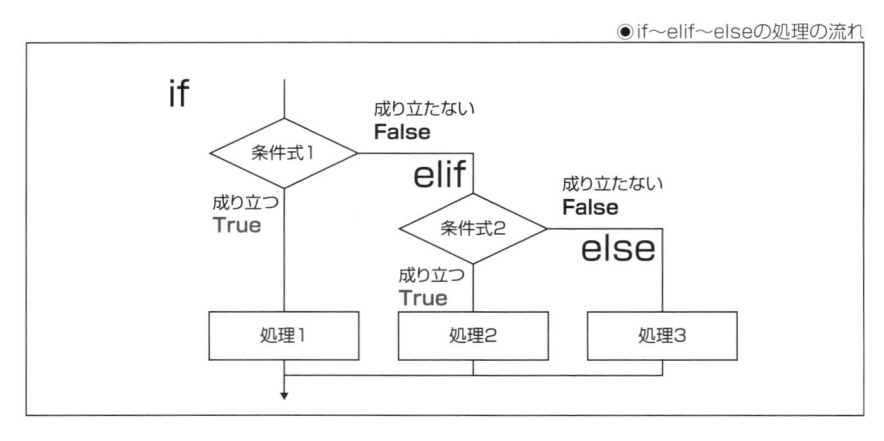

次のプログラムで if～elif～else の動作を確認します。

SAMPLE CODE 「Chapter2」→「if_3.py」

```
1: score = 101
2: hi_sc = 100
3: print("スコア", score)
```

```
4: print("ハイスコア", hi_sc)
5: if score < hi_sc:
6:     print("ハイスコアに到達せず")
7: elif score > hi_sc:
8:     print("ハイスコアを超えた")
9: else:
10:    print("ハイスコアと同点")
```

実行結果は次の通りです。

```
スコア 101
ハイスコア 100
ハイスコアを超えた
```

　`score` という変数と `hi_sc` という変数の大小関係を比較します。`score` の値を `101`、`hi_sc` の値を `100` としたので、5行目の条件式は成り立たず、7行目の条件式が成り立ちます。

　`score` の初期値を `100` したときと、100未満にしたときの動作を確認しましょう。

　このプログラムは `elif` を1つ記述しましたが、`if〜elif〜・・・・〜elif〜else` のように複数の `elif` を記述して、各種の条件を順に判定できます。

🧊「and」と「or」の使い方を知る

　`and` や `or` を用いて、`if` 文に複数の条件式を記述できます。

　`and` は「かつ」、`or` は「もしくは」の意味を持ちます。たとえば `0 < n and n < 10` という条件式は、`n` の値が `0` より大きく、`10` より小さいときに成り立ちます。`x == 0 or y == 0` という条件式は、`x` が `0`、もしくは、`y` が `0` なら成り立ちます。

● 「and」と「or」

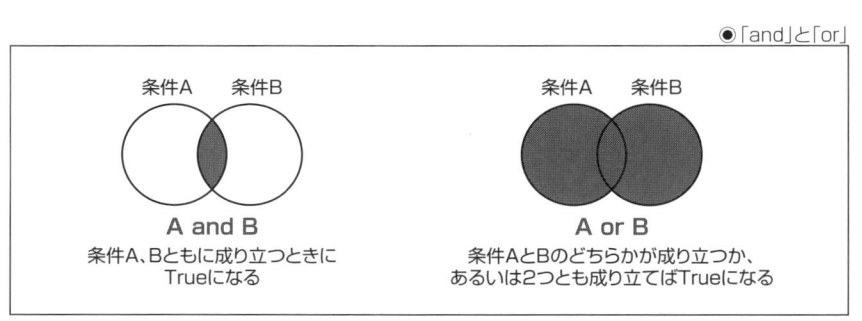

条件A　条件B

A and B
条件A、Bともに成り立つときに
Trueになる

条件A　条件B

A or B
条件AとBのどちらかが成り立つか、
あるいは2つとも成り立てばTrueになる

◆「and」の使い方

and の使い方を確認します。

SAMPLE CODE 「Chapter2」→「if_and.py」

```
1: x = 1
2: y = 2
3: if x > 0 and y > 0:
4:     print("xもyも正の数です")
```

実行結果は次の通りです。

```
xもyも正の数です
```

x 、y とも 0 より大きな数を代入したので、3行目の and を用いた条件式が成り立ち、4行目が実行されます。 x や y を 0 や負の数にすると、3行目が成り立たなくなるので、何も出力されないことを確認しましょう。

◆「or」の使い方

次に or の使い方を確認します。

SAMPLE CODE 「Chapter2」→「if_or.py」

```
1: x = 0
2: y = 1
3: if x == 0 or y == 0:
4:     print("xとyのどちらかは0です")
5: else:
6:     print("x、yとも0ではありません")
```

実行結果は次の通りです。

```
xとyのどちらかは0です
```

x に 0 、y に 1 を代入しているので、3行目の or を用いた条件式が成り立ち、4行目が実行されます。 x 、y とも 0 以外の数にすると、6行目が実行されることを確認しましょう。

繰り返し

　コンピューターに反復して処理を行わせることを**繰り返し**といいます。この節では、繰り返しについて説明します。

　繰り返しは `for` や `while` という命令で行います。繰り返しは**ループ**とも呼ばれます。

⬢ for文で繰り返す

　`for` の使い方から確認します。`for` を用いた繰り返しを**for文**といいます。`for` 文では、繰り返しに使う変数と、変数の値が変化する範囲を指定します。`for` 文の記述の仕方と処理の流れは、次のようになります。

●for文の記述例

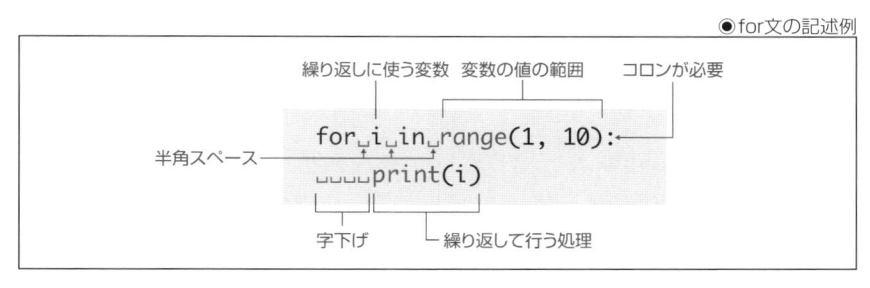

●for文の処理の流れ

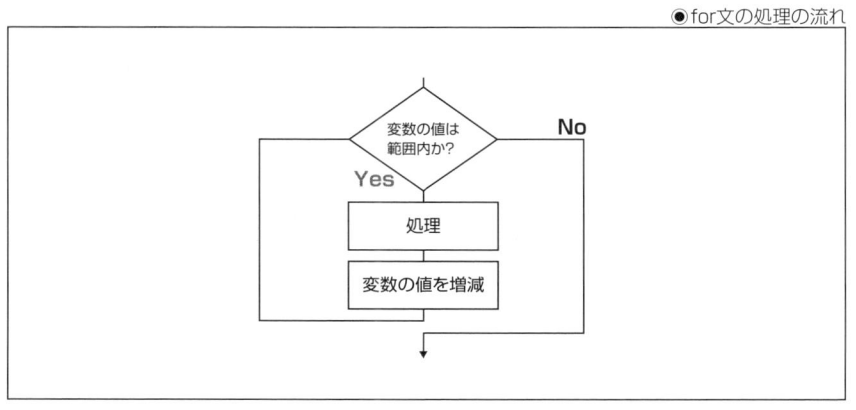

◈「range()」で範囲を指定する

Pythonの `for` 文は変数の値の範囲を `range()` という命令で指定します。

●range()による範囲指定

	range()の引数	どのような繰り返しか
①	range(回数)	変数の値は0から始まり、指定の回数、繰り返す
②	range(初期値, 終値)	変数の値は初期値から始まり、1ずつ増えながら、終値の手前まで繰り返す
③	range(初期値, 終値, 増分)	変数の値は初期値から終値の手前まで、指定の増分ずつ変化しながら繰り返す

③の **増分** は負の数も指定できます。増分を負とした場合、変数の値を **初期値** から **終値** の手前まで減らしながら繰り返します。

`range()` は指定した範囲の数の並びを意味するものです。この範囲指定で注意すべき点があります。たとえば `range(1, 5)` とした場合、それは `1,2,3,4` という数の並びになります。**終値** の `5` は入りません。`range(10, 20, 2)` は `10,12,14,16,18` という数の並びになり、これも **終値** の `20` は入りません。

◈ forによる繰り返し

`for` 文の動作を確認します。繰り返しに使う変数名は慣例的に `i` とすることが多く、このプログラムもiを使用します。繰り返す処理を字下げして記述します。

SAMPLE CODE 「Chapter2」→「for_1.py」

```
1: for i in range(5):
2:     print("iの値", i)
```

実行結果は次の通りです。

```
iの値 0
iの値 1
iの値 2
iの値 3
iの値 4
```

繰り返す範囲を `range(5)` としたので、`i` は `0` から始まり、1ずつ増えながら、`4` になるまで処理を繰り返します。

Pythonの `print()` は、`()` 内に複数の文字列や変数をコンマで区切って記述すると、それらをまとめて出力できます。

「range(初期値, 終値)」による範囲指定を確認する

range(初期値, 終値) で範囲を指定したプログラムを確認します。出力結果の最後が 終値 の手前の数になることに注意しましょう。

SAMPLE CODE 「Chapter2」→「for_2.py」

```
1: for i in range(10, 20):
2:     print(i, end=",")
```

実行結果は次の通りです。

```
10,11,12,13,14,15,16,17,18,19,
```

print() の引数に end= と記述し、改行コードの代わりとなる文字列を指定できます。ここでは end="," として、コンマ区切りでデータを出力しました。

「range(初期値, 終値, 増分)」による範囲指定を確認する

range(初期値, 終値, 増分) の 増分 を負の数にすると、値を減らしながら繰り返します。次のプログラムで、それを確認します。

SAMPLE CODE 「Chapter2」→「for_3.py」

```
1: for i in range(100, 90, -1):
2:     print(i, end="/")
```

実行結果は次の通りです。

```
100/99/98/97/96/95/94/93/92/91/
```

この繰り返しも 終値 の手前まで出力されます。

forを使って配列を扱う

配列の要素の値を、forを使って出力するプログラムを確認します。

SAMPLE CODE 「Chapter2」→「for_4.py」

```
1: fruits = ["りんご", "みかん", "バナナ"]
2: for i in range(3):
3:     print(fruits[i])
```

実行結果は次の通りです。

```
りんご
みかん
バナナ
```

　1行目で3つの要素を持つ `fruits[]` という配列を定義しています。2行目の変数 `i` を用いた `for` 文で、`i` の値は `0` → `1` → `2` と1ずつ増えます。3行目で `fruits[i]` を出力して、要素の中身を1つずつ表示しています。

🎁 forの多重ループについて

　`for` のブロックに別の `for` 文を入れることができます。これを `for` の**二重ループ**といいます。

　`for` 文内に `for` 文を記述することを、`for` を**入れ子**にするや、**ネスト**するといいます。`for` を3つ入れ子にする、4つ入れ子にするなど、複数の `for` を入れ子にでき、それらを**多重ループ**といいます。

　次のプログラムで `for` の二重ループによる処理を確認します。

SAMPLE CODE 「Chapter2」→「for_5.py」

```
1: for a in range(1, 4):
2:     for b in range(1, 10):
3:         print(a, "x", b, "=", a * b)
```

　実行結果は次の通りです。

```
1 x 1 = 1
1 x 2 = 2
1 x 3 = 3
1 x 4 = 4
1 x 5 = 5
1 x 6 = 6
1 x 7 = 7
1 x 8 = 8
1 x 9 = 9
2 x 1 = 2
2 x 2 = 4
2 x 3 = 6
2 x 4 = 8
2 x 5 = 10
2 x 6 = 12
2 x 7 = 14
```

```
2 x 8 = 16
2 x 9 = 18
3 x 1 = 3
3 x 2 = 6
3 x 3 = 9
3 x 4 = 12
3 x 5 = 15
3 x 6 = 18
3 x 7 = 21
3 x 8 = 24
3 x 9 = 27
```

変数 *a* による `for` 文の中に、変数 *b* による `for` 文が入っています。

a の範囲を `range(1, 4)` としたので、はじめに *a* は 1 になります。 *a* が 1 のとき、内側の `for` 文で、*b* が 1 から 9 まで1ずつ増えながら、`print(a, "x", b, "=", a * b)` を実行します。これにより一の段の九九の式が出力されます。

次に *a* は 2 になります。同様に変数 *b* による繰り返しが行われ、二の段が出力されます。さらに *a* は 3 になり、内側の繰り返しで三の段が出力されます。

a が 3 、*b* が 9 になったら、二重ループの繰り返しが終わります。

🔹 whileによる繰り返し

`while` を用いた繰り返しを**while文**といいます。 `while` 文は条件式が成り立つ間、処理を繰り返します。 `while` 文は次のように記述します。

◉while文の書き方

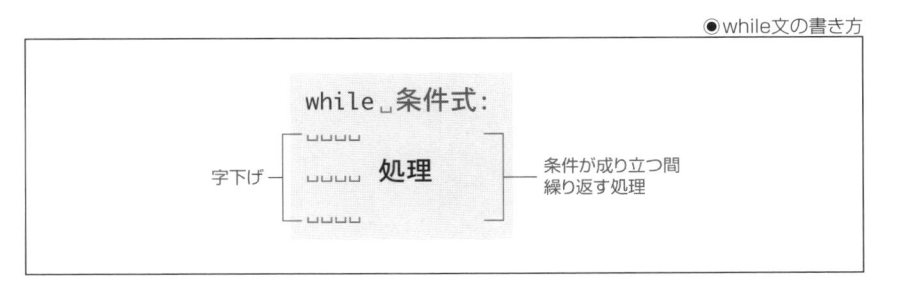

while 文の動作を確認します。

SAMPLE CODE 「Chapter2」→「while_1.py」

```
1: v = 1
2: while v < 256:
3:     print(v, end=",")
4:     v = v * 2
```

実行結果は次の通りです。

```
1,2,4,8,16,32,64,128,
```

while の繰り返しに使う変数は、1行目のように while の前で定義します。
この while 文は条件式を v < 256 とし、v が 256 未満の間、処理を繰り返します。

❸ breakとcontinueの使い方を知る

for や while の繰り返しで使う break と continue という命令があります。
break は繰り返しを中断する命令で、continue は繰り返しの先頭に戻る命令です。 break や continue は、通常、if 文に記述します。

◆ breakの使い方

break の使い方から確認します。

SAMPLE CODE 「Chapter2」→「while_break.py」

```
1: v = 0
2: while v < 1000:
3:     print(v, end=",")
4:     v = v + 50
5:     if v > 500:
6:         break
```

実行結果は次の通りです。

```
0,50,100,150,200,250,300,350,400,450,500,
```

while の条件式を v が1000未満なら繰り返すようにしています。ただし、
5〜6行目の if 文で、v が 500 を超えたら break で繰り返しを中断します。
そのため、0 から 500 まで出力されます。

次に `continue` の使い方を確認します。

SAMPLE CODE　「Chapter2」→「for_continue.py」

```
1: for i in range(100):
2:     if i < 95: continue
3:     print(i, end=",")
```

実行結果は次の通りです。

```
95,96,97,98,99,
```

`for` の範囲を `range(100)` としたので、`i` は `0` から `99` まで1ずつ増えながら繰り返します。ただし、2行目の `if` 文と `continue` で、`i` が `95` 未満なら繰り返しの先頭に戻しています。そのため、`i` が `95` 以上になってから3行目が実行されます。

2行目の `if` 文を改行せずに記述しています。 `if` 文の命令や計算式が1つなら、このように改行と字下げをせずに1行で記述できます。ただし、1行にできても、Pythonの記述ルールを守り、そうすべきでないという意見もあります。

関数

コンピューターが行う処理を1つのまとまりとして定義したものを**関数**（かんすう）といいます。この節では、関数の機能と定義の仕方を説明します。

🍱 コンピューターの関数

コンピューターが行う処理を、プログラム内の特定の場所にまとめて記述したものが**コンピューターの関数**です。

関数に**引数**（ひきすう）でデータを与え、その値を元に関数内で計算や判断を行い、導き出した答えを**戻り値**（もどりち）として返す機能を持たせることができます。

●コンピューターの関数

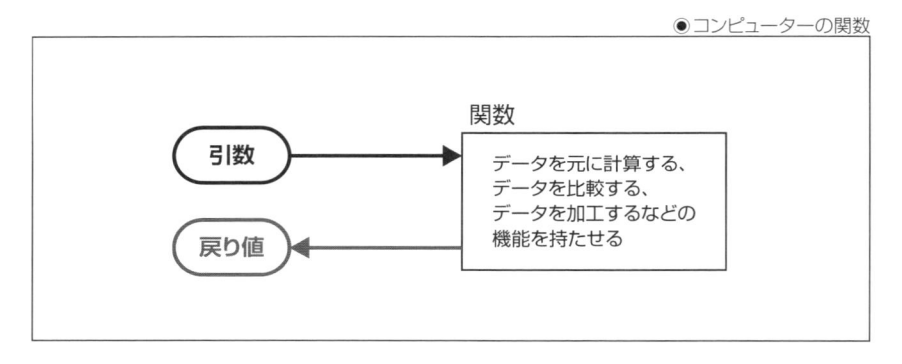

何度も行う処理があるなら、それを関数にすると、無駄がなくわかりやすいプログラムになります。

🍱 関数の引数と戻り値について

引数と戻り値は、関数の重要な要素ですが、それらは必須ではありません。引数も戻り値もない関数、引数があり戻り値のない関数、引数がなく戻り値のある関数を定義できます。この後、引数と戻り値がある関数も含め、それぞれを順に確認します。

● 関数の定義の仕方

Pythonでは `def` という予約語で関数を定義します。

● 関数定義の記述例

```
関数名   コロンが必要
def hi():
    print("こんにちは")
字下げ        処理
```

`def` と関数名の間に半角スペースを入れます。

関数名に `()` が付きます。引数がある場合、引数となる変数を `()` の中に記述します。

関数で行う処理は、`if` や `for` と同様に字下げします。

● 引数も戻り値もない関数

引数も戻り値もない関数を定義したプログラムを確認します。簡素な関数を定義して、それを呼び出します。関数を実行することを**呼び出す**といいます。

SAMPLE CODE 「Chapter2」→「function_1.py」

```
1: def hi():
2:     print("こんにちは")
3:
4: hi()
```

実行結果は次の通りです。

```
こんにちは
```

1〜2行目に `hi()` という関数を定義しています。この関数は `print()` で文字列を出力する機能を持ちます。

関数を定義しただけでは呼び出されません。呼び出すには、プログラム内の実行したい位置に関数名を記述します。

4行目で関数を呼び出すことがわかりやすいように、3行目を空行にしています。4行目を削除するか、`#hi()` とコメントアウトして動作を確認しましょう。すると関数が呼び出されなくなり、何も出力されなくなります。

● 引数あり、戻り値なしの関数

引数あり、戻り値なしの関数を定義したプログラムを確認します。引数の正負を判定してメッセージを出力します。

SAMPLE CODE 「Chapter2」→「function_2.py」

```python
 1: def posi_nega_zero(n):
 2:     if n > 0:
 3:         print(n, "は正の数です")
 4:     elif n < 0:
 5:         print(n, "は負の数です")
 6:     else:
 7:         print(n, "はゼロです")
 8:
 9: posi_nega_zero(-0.1)
10: posi_nega_zero(0)
11: posi_nega_zero(500)
```

実行結果は次の通りです。

```
-0.1 は負の数です
0 はゼロです
500 は正の数です
```

1〜7行目に引数 n を設けた posi_nega_zero() という関数を定義しています。

9〜11行目で関数に引数を与えて呼び出しています。定義した関数は、このように何度でも呼び出せます。

関数名の付け方のルールは、変数名の付け方（49ページ参照）と一緒です。このプログラムでは positive number（正の数）、negative number（負の数）、zero（0）の英単語を略して関数名としました。

● 引数なし、戻り値ありの関数

戻り値を持たせるには、関数内に return 戻り値 と記述します。**戻り値** には変数や計算式を記述して、その値や計算結果を返すようにします。条件に応じて True や False を返すように関数を設計することもあります。

引数がなく、戻り値のある関数を定義したプログラムを確認します。 time モジュールを使用して日時を扱います。

SAMPLE CODE 「Chapter2」→「function_3.py」

```
1: import time
2:
3: def date_time():
4:     t = time.ctime()
5:     return t
6:
7: print(date_time())
```

実行結果は次の通りです。

```
Sat Oct 28 11:05:00 2024
```

Pythonにはさまざまな**ライブラリ**や**モジュール**が備わっており、必要な機能をインポートして使用できます。

このプログラムでは日時に関する機能を持つ `time` モジュールを使用しました。1行目の `import time` で `time` モジュールの機能を使えるようにしています。

`date_time()` という関数を定義しています。その関数で、`time` モジュールに備わる `ctime()` という命令を使って現在の日時を取得し、変数 `t` に代入します。そして `return t` で、`t` の値を返します。

7行目で `print()` の引数に `date_time()` を記述して呼び出しています。これにより `date_time()` の戻り値である日時が `print()` で出力されます。

このように関数の戻り値を、別の関数（ここでは `print()` ）で直接、扱うことができます。

● 引数と戻り値を持つ関数

三角形の底辺の長さと高さを引数で与えると、三角形の面積を返す関数を定義したプログラムを確認します。

SAMPLE CODE 「Chapter2」→「function_4.py」

```
1: def triangle(w, h):
2:     a = w * h / 2
3:     return a
4:
5: a = triangle(12, 8)
6: print("底辺12、高さ8の三角形の面積", a)
7: print("底辺5、高さ16の三角形の面積", triangle(5, 16))
```

実行結果は次の通りです。

```
底辺12、高さ8の三角形の面積 48.0
底辺5、高さ16の三角形の面積 40.0
```

底辺と高さを受け取り、面積を計算して返す `triangle()` という関数を定義しています。三角形の面積は「底辺×高さ÷2」です。

5行目で引数を与えて `triangle()` を呼び出し、戻り値を変数 *a* に代入しています。6行目で *a* の値を出力しています。

7行目では `print()` に `triangle()` を記述して、戻り値を、直接、出力しています。

🧊 ローカル変数とグローバル変数の有効範囲について

このプログラムの2行目と5行目に *a* という同じ名前の変数があります。変数名は同じですが、それらは別の変数です。

2行目の *a* は**ローカル変数**、5行目の *a* は**グローバル変数**と呼ばれる変数になります。ローカル変数とグローバル変数の違いを次の表で確認します。

●ローカル変数とグローバル変数の違い

変数の種類	定義する場所	使用できる範囲（スコープ）と特徴
ローカル変数	関数の中	定義した関数内でのみ使える。関数を呼び出すたびに値が初期化される
グローバル変数	関数の外	定義すればプログラム内のどこでも使うことができる。プログラム終了まで値が保持される

ローカル変数とグローバル変数は、変数を使用できる範囲（有効範囲）が違います。変数を使用できる範囲を**スコープ**と呼びます。

●変数のスコープ

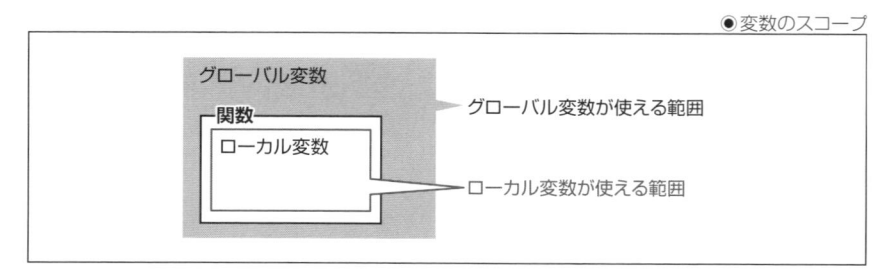

もし、ローカル変数とグローバル変数を同じ名前にする必要があるなら、変数の有効範囲を正しく把握して、それぞれの変数の使い方に誤りがないようにしましょう。

COLUMN
Pythonとジャンケンをしよう

乱数に関する命令を備えたモジュールを使用して制作した、Python
とジャンケンをするプログラムを掲載します。実行して「Enter」キーを押
すごとに、グー、チョキ、パーのいずれかが出力されます。終了するとき
は end と入力して「Enter」キーを押します。

SAMPLE CODE 「Chapter2」→「random_janken.py」

```python
1: import random
2: print("Pythonとジャンケンをしましょう。")
3: print("endと入力してEnterを押すと終了します。")
4: while True:
5:     i = input("ジャンケンっ")
6:     if i == "end": break
7:     hand = random.choice(["グー", "チョキ", "パー"])
8:     print(hand)
```

実行結果は次の通りです。

```
Pythonとジャンケンをしましょう。
endと入力してEnterを押すと終了します。
ジャンケンっ
チョキ
ジャンケンっ
グー
ジャンケンっ
チョキ
ジャンケンっ
グー
ジャンケンっ
パー
ジャンケンっend
```

Pythonにはさまざまな機能を持つモジュールが備わっており、必要な
モジュールをインポートして使用します。このプログラムは random とい
うモジュールを使用しています。 random モジュールに備わる random.
choice() という命令の引数に ["グー", "チョキ", "パー"] と記述し
て、3つの要素からランダムに1つを選んでいます。

◆乱数に関する命令

`random` モジュールに備わる主な命令を説明します。

●乱数に関する命令

機能	記述例	説明
小数の乱数を発生させる	random.random()	0.0以上1.0未満の小数の乱数が発生する
整数の乱数を発生させる	random.randint(1, 10)	1から10のいずれかの整数が選ばれる
	random.randrange(0, 12, 2)	0、2、4、6、8、10のいずれかが選ばれる（12は入らない）
複数の項目からランダムに選ぶ	random.choice([10, 20, 30])	10、20、30のいずれかが選ばれる
乱数の種を指定する	random.seed(種)	乱数を作り出す計算の元になる値（乱数の種）を指定する

乱数の種を指定すると、決まったパターンの乱数が発生します。

CHAPTER 03

データ構造①
スタックとキュー

>>>> **本章の概要**

　この章と次の章で有名なデータ構造を取り上げます。この章では、スタックとキューについて説明します。また、それらのデータ構造をPythonのプログラムで自作します。データ構造を自作する学習を通して、データ構造への理解を深めます。

スタックとキューによる データの保持

この節では、スタックとキューでデータを保持する仕組みについて説明します。

🔷 いろいろなデータ構造がある

データを効率的に処理するために、さまざまな**データ構造**が考案されました。代表的なものに、**スタック**、**キュー**、**リスト**、**木**、**グラフ**があります。

それぞれのデータ構造には、データの保持の仕方に違いがあります。プログラムで扱うデータの種類や要求される処理に応じて、適切なデータ構造を選ぶことが大切です。どのデータ構造を用いるかによって、プログラムの設計や実装の複雑さが変わり、処理速度やメモリの使用量にも影響します。

この章では、スタックとキューに関する学習を行います。次の章でリスト、木、グラフのデータ構造について学びます。

🔷 スタックとは

スタックは最後に入れたデータを最初に取り出す形式のデータ構造です。

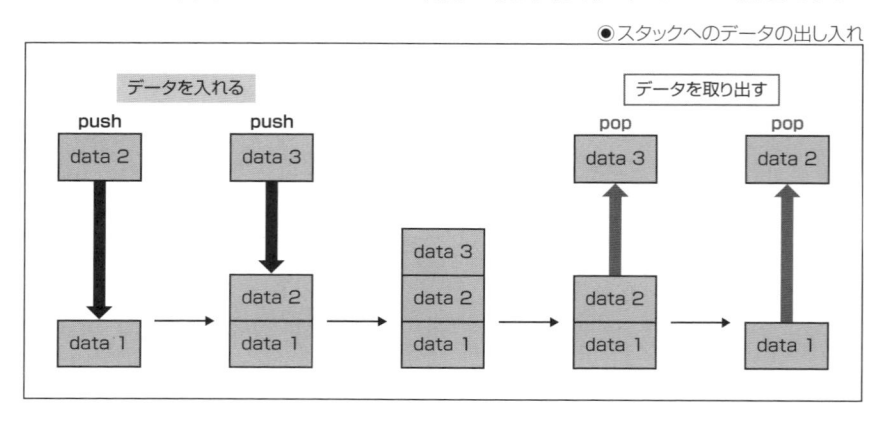

●スタックへのデータの出し入れ

スタックはデータを積み重ねる形で蓄えます。スタックにデータを入れることを**push**、取り出すことを**pop**といいます。データを取り出す際は、後に入れたものから取り出します。データをこのように保持することを、後入れ先出しという意味の英単語「Last In First Out」の頭文字を並べて**LIFO**といいます。

● キューとは

キューは最初に入れたデータを最初に取り出す形式のデータ構造です。

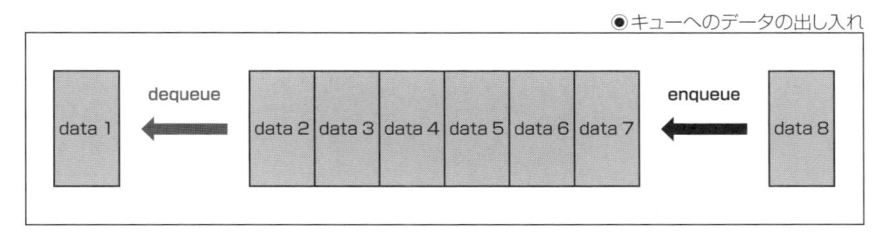

●キューへのデータの出し入れ

キューにデータを入れることを<ruby>enqueue<rt>エンキュー</rt></ruby>、取り出すことを<ruby>dequeue<rt>デキュー</rt></ruby>といいます。キューのデータは入れた順に取り出されます。データをこのように保持することを、先入れ先出しという意味の英単語「First In First Out」の頭文字を並べて**FIFO**といいます。

● データ構造の自作について

ソフトウェア開発の場で広く使われるPython、C++、Javaなどのプログラミング言語では、データを効率的に扱うための各種のデータ構造がライブラリなどで提供されています。一方、C言語のような初期の世代のプログラミング言語には、そういった便利な機能が標準では備わっていません。そのようなプログラミング言語では、必要なデータ構造があれば、開発者が自ら実装します。

本書では有名なデータ構造を自作することで、データ構造への理解を深めると共に、プログラミングの技術力を伸ばしていきます。

01
02

03
データ構造① スタックとキュー

04
05
06
07
08
09
10
11
12

Pythonのモジュールを利用する

Pythonには queue というモジュールが用意されており、それをインポートすると、スタックやキューの形式でデータを扱うことができます。この節で queue モジュールを利用してスタックとキューへのデータの出し入れを確認した後、次の節からスタックとキューを自作します。

🔷 スタックにデータを出し入れする

queue モジュールの LifoQueue() という命令で、データを出し入れするスタックを作ることができます。

スタックにデータを入れ、それを取り出すプログラムを確認します。動作確認後にプログラムの内容を説明します。

SAMPLE CODE 「Chapter3」→「stack_sample.py」

```
 1: import queue
 2:
 3: MAX = 5
 4: s = queue.LifoQueue()
 5:
 6: print("データを入れる")
 7: for i in range(MAX):
 8:     d = 10 * i
 9:     s.put(d)
10:     print(d)
11:
12: print("データを取り出す")
13: for i in range(MAX):
14:     d = s.get()
15:     print(d)
```

実行結果は次の通りです。

```
データを入れる
0
10
20
30
40
```

```
データを取り出す
40
30
20
10
0
```

1行目で `queue` モジュールをインポートしています。

3行目の `MAX` で扱うデータの数を定めています。この `MAX` はプログラムの実行中に値を変えません。定めた値を変更しない変数を**定数**といいます。プログラミングの一般的なルールとして、定数はすべての文字を大文字とすることで、通常の変数と区別できるようにします。

4行目の `s = queue.LifoQueue()` でスタックとなる変数 `s` を用意しています。この `s` がデータの入れ物になります。このような変数をオブジェクト変数と呼ぶこともあります。

7～10行目の `for` 文と `put()` という命令で、0→10→20→30→40の順にデータをスタックに入れます。その際、入れた順番がわかりやすいように `print()` で値を出力します。

13～15行目の `for` 文と `get()` という命令でデータを取り出し、`print()` で出力します。

出力結果から、スタックのデータは最後に入れたものから取り出されることがわかります。

● プログラムの動作（スタック）

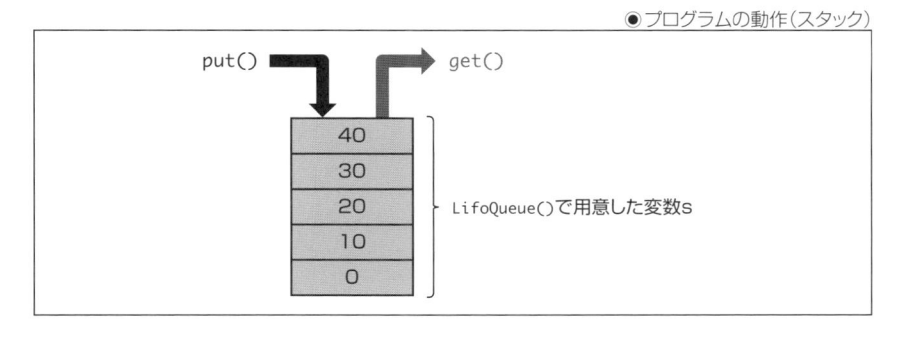

スタックにデータを入れるときはpush、取り出すときはpopという英単語が一般的に用いられますが、Pythonの `queue` モジュールでは、`put()` でデータを入れ、`get()` で取り出します。

🔷 キューにデータを出し入れする

キューを扱うプログラムを確認します。 queue モジュールの Queue() という命令でキューを扱うオブジェクト変数を用意し、データを出し入れします。

SAMPLE CODE 「Chapter3」→「queue_sample.py」

```
 1: import queue
 2:
 3: MAX = 8
 4: q = queue.Queue()
 5:
 6: print("データを入れる")
 7: for i in range(MAX):
 8:     d = 2 ** i
 9:     q.put(d)
10:     print(d)
11:
12: print("データを取り出す")
13: for i in range(MAX):
14:     d = q.get()
15:     print(d)
```

実行結果は次の通りです。

```
データを入れる
1
2
4
8
16
32
64
128
データを取り出す
1
2
4
8
16
32
64
128
```

4行目の `q = queue.Queue()` でキューとなる変数qを用意しています。

7〜10行目の `for` 文と `put()` で、データを `1` → `2` → `4` → `8` → `16` → `32` → `64` → `128` の順に入れます。8行目の `2**i` は、2のi乗という意味の式です。

13〜15行目の `for` 文と `get()` でデータを取り出し、それを `print()` で出力します。

出力結果から、キューのデータは入れた順に取り出されることがわかります。

● プログラムの動作（キュー）

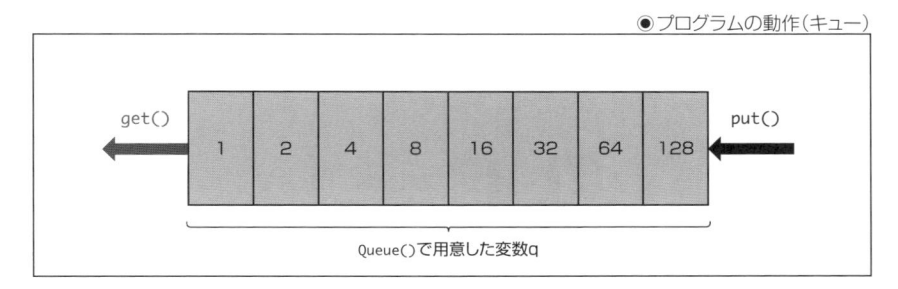

スタックを自作する

配列を使ってスタックのデータ構造を自作します。本書ではPythonのリストを配列として使用します。

🟦 スタックを自作する方法

スタックを作るには色々な方法が考えられます。この節では、次の図のような仕組みでスタックにデータを出し入れするプログラムを制作します。

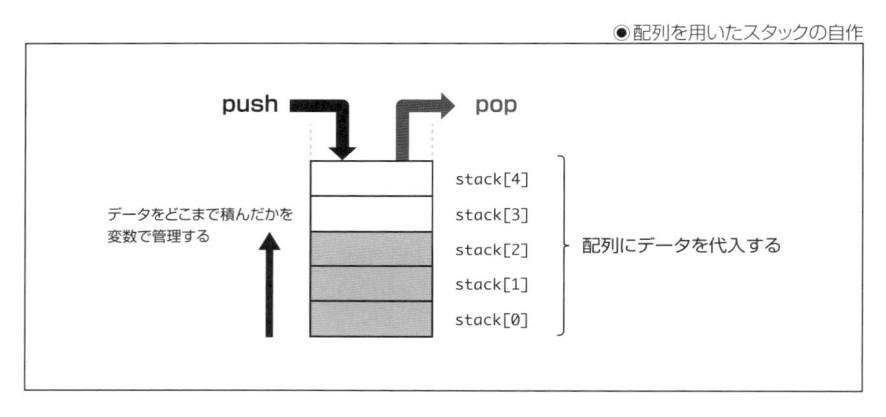

●配列を用いたスタックの自作

理解しやすいプログラムにするために、データを入れる配列をあらかじめ用意し、空いている要素にデータを代入します。この方法でスタックを自作するには、データをどこまで積み上げたかを変数で管理します。

🟦 スタックを自作したプログラム

スタックを自作したプログラムを確認します。pushとpopを行う関数を定義してデータを出し入れします。プログラムの動作を確認しやすいように、保持できるデータの数を7つに限定しています。

SAMPLE CODE 「Chapter3」→「stack_jisaku.py」

```
1: MAX = 7
2: stack = [0] * MAX
3: sp = 0
4:
5: def push(d): # データを追加する関数
6:     global sp
```

```
 7:     if sp == MAX:
 8:         print("空き領域がありません")
 9:         return
10:     stack[sp] = d
11:     sp = sp + 1
12:     print("追加したデータ", d)
13:
14: def pop(): # データを取り出す関数
15:     global sp
16:     if sp == 0:
17:         print("データが存在しません")
18:         return None
19:     sp = sp - 1
20:     return stack[sp]
21:
22: for i in range(8):
23:     push(i * 10)
24:
25: for i in range(8):
26:     d = pop()
27:     print("取り出したデータ", d)
```

実行結果は次の通りです。

```
追加したデータ 0
追加したデータ 10
追加したデータ 20
追加したデータ 30
追加したデータ 40
追加したデータ 50
追加したデータ 60
空き領域がありません
取り出したデータ 60
取り出したデータ 50
取り出したデータ 40
取り出したデータ 30
取り出したデータ 20
取り出したデータ 10
取り出したデータ 0
データが存在しません
取り出したデータ None
```

1行の `MAX` という定数に、保持できるデータの数を代入しています。

2行目で全要素に `0` が入った `stack[]` という配列を用意しています。Pythonでは **配列変数名 = [初期値] * 要素数** と記述して配列を作ることができます。こう記述するとすべての要素が初期値になります。

3行目の `sp` が、データをどこまで積み上げたかを管理する変数です。

● 定義した「push()」関数の処理を確認する

5〜12行目にデータを入れる `push()` という関数を定義しています。この関数は引数でデータを受け取ります。

変数 `sp` の値を関数内で変更するので、6行目に `global sp` と記述しています。この記述について後述します。

7〜9行目の `if` 文で、データを入れる空きがないときに、そのことを `print()` で知らせ、`return` で関数を抜けます。

10行目以降がデータを保持する処理です。空いている要素（ `sp` 番目の要素）にデータを代入します。その際、 `sp` の値を1増やします。 `sp` は次にデータを入れる要素の番号（インデックス）になります。

● 定義した「pop()」関数の処理を確認する

14〜20行目にデータを取り出す `pop()` という関数を定義しています。

16〜18行目の `if` 文で、取り出すデータがないときに、そのことを `print()` で知らせ、`None` を返して関数を抜けます。 `None` は何もないことを意味するPythonの値です。

`sp` が `0` より大きいならデータが保持されています。そのときは19行目で `sp` の値を1減らし、`stack[sp]` を返します。

このプログラムでは `push()` でスタックにデータを入れたときに `sp` が次の要素の番号になるので（11行目）、`pop()` でデータを取り出す際に `sp` を1減らします（19行目）。

01
02
03
データ構造① スタックとキュー
04
05
06
07
08
09
10
11
12

● 「push()」と「pop()」の呼び出しを確認する

22～23行目の `for` 文で `push()` を呼び出し、自作のスタックにデータを入れます。また、25～27行目の `for` 文と `pop()` でデータを取り出します。

実行結果から、0→10→20→30→40→50→60の順に入れたデータが、60→50→40→30→20→10→0の順に取り出されることがわかります。

データを入れる際も取り出すときも、forの範囲を `range(8)` として8回繰り返しています。スタックの入れ物を7つとしたので(1行目の `MAX = 7`)、8つ目のデータをpushしたとき、「空き領域がありません」と出力されます。また、8つ目のデータをpopしたとき、データをすべて取り出し済みなので「データが存在しません」と出力されます。

● Pythonでグローバル変数を使用する際の注意点

このプログラムは、関数の外側で定義した変数 `sp` の値を `push()` 関数と `pop()` 関数の中で変更します。そのため、それぞれの関数のはじめに `global sp` と記述して、`sp` をグローバル変数として扱うことをPythonに知らせています。

これを行わずに関数内でグローバル変数の値を変更すると、エラーが発生してプログラムが停止します。ただし、関数内でグローバル変数の値を参照するだけなら、`global` の記述は不要です。

リングバッファについて

　この節と次の節でキューを自作します。キューの自作はスタックの自作より難しいので、どのような仕組みでキューを実現するのかを、この節で説明し、次の節でプログラムを制作します。

🔲 リングバッファとは

　リングバッファと呼ばれる仕組みを使ってキューを自作します。**バッファ**（buffer）とはデータを一時的に保持する記憶領域のことです。リングバッファはリング状になった記憶領域を意味します。

◉リングバッファのイメージ

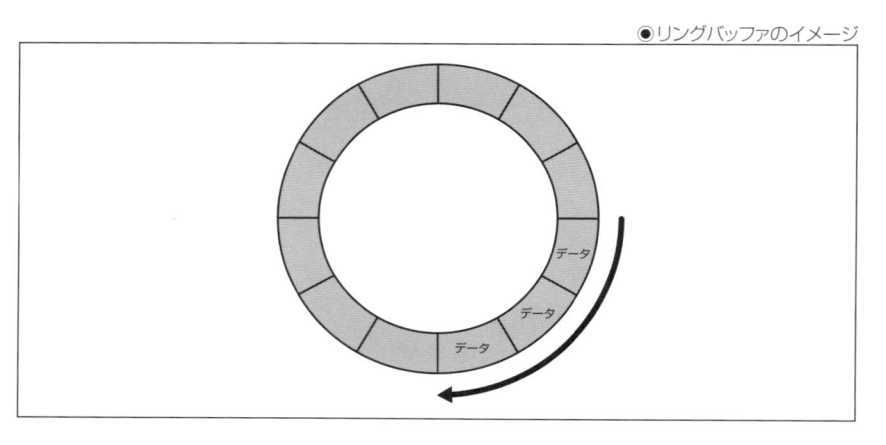

　リングバッファの最後までデータを入れると、データにアクセスする位置が始めの位置に戻ります。ただし、コンピューターの記憶領域を物理的に円形にすることはできないので、記憶領域の先端と終端の位置をつなぐ計算を行ってリングバッファを実現します。

◉リングバッファを疑似的に作る

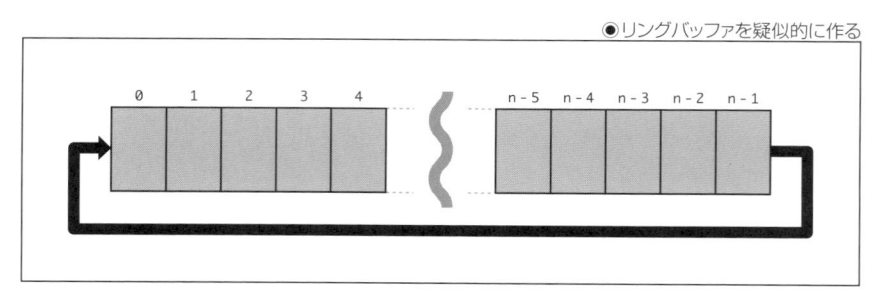

🔹 データの先端と終端を変数で管理する

リングバッファを実現するには、データを保持する配列の他に、データを入れる位置を管理する変数と、取り出す位置を管理する変数を用意します。

次の節で制作するプログラムは、データを入れる位置を `tail` という変数、取り出す位置を `head` という変数で保持します。

●データを入れる位置、取り出す位置を変数で管理

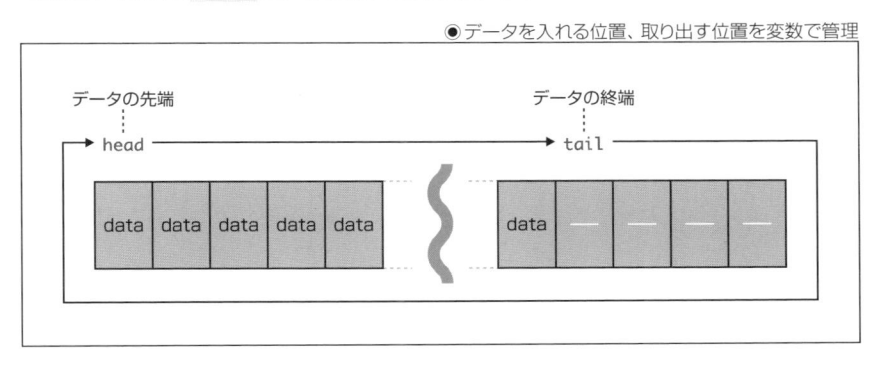

データを取り出す位置がデータの先端になり、データを入れる位置がデータの終端になります。

🔹 記憶領域の先端と終端をつなぐ計算を行う

記憶領域の先端と終端をつなぐ方法を説明します。

保持するデータ数を `MAX` とします。要素数 `MAX` の配列、変数 `head` 、変数 `tail` を用意します。 `head` 、`tail` ともはじめに `0` を代入します。

●headとtailの値（初期状態）

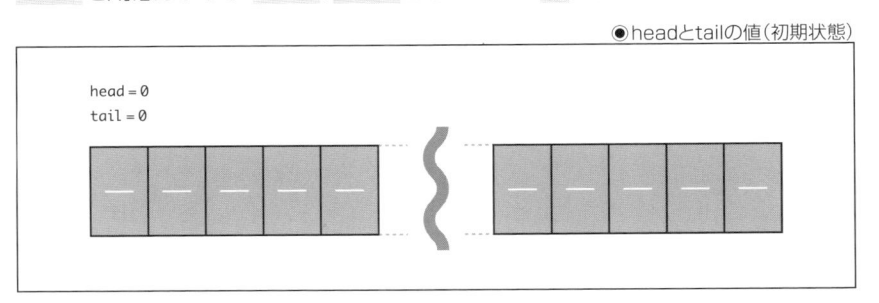

データを入れる際、`tail` の値を1増やします。 `tail` は、次にデータを格納する位置（配列の添え字）になります。たとえばデータを3つ入れると `tail` は `3` になります。

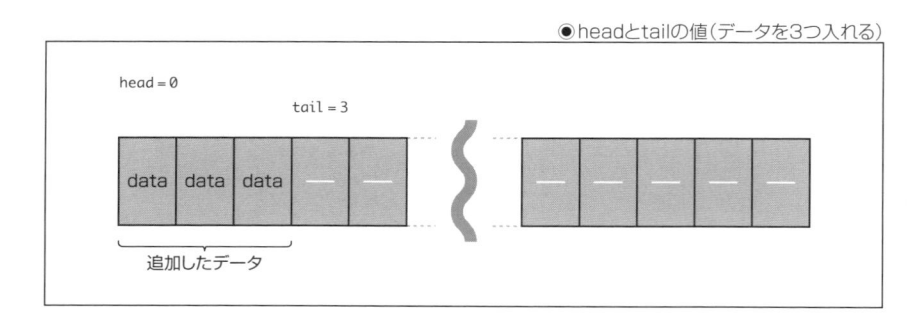

◉headとtailの値（データを3つ入れる）

データを取り出すとき、`head` の値を1増やします。たとえばデータを1つ取り出すと0番の要素が空き、`head` は `1` になります。さらにデータを2つ取り出すと1番と2番の要素が空き、`head` は `3` になります。

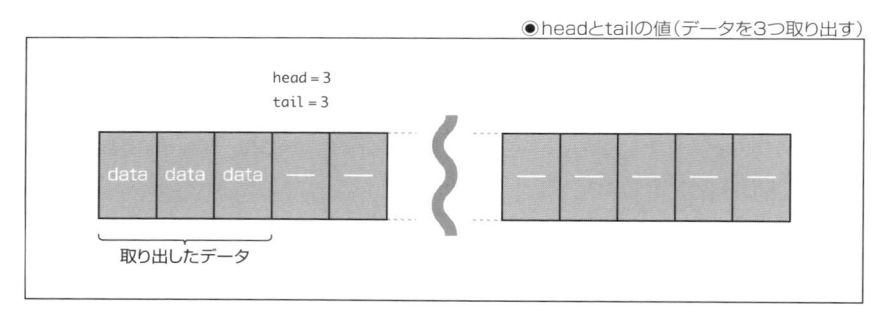

◉headとtailの値（データを3つ取り出す）

このとき、`tail` と `head` は `3` という同じ値になります。 `tail == head` ならデータが1つも格納されていない状態です。

再びデータを入れていき、配列の最後の要素にデータを格納したとします。しかし、先頭の0番から2番の要素が空いているので、そこにデータを入れることができます。

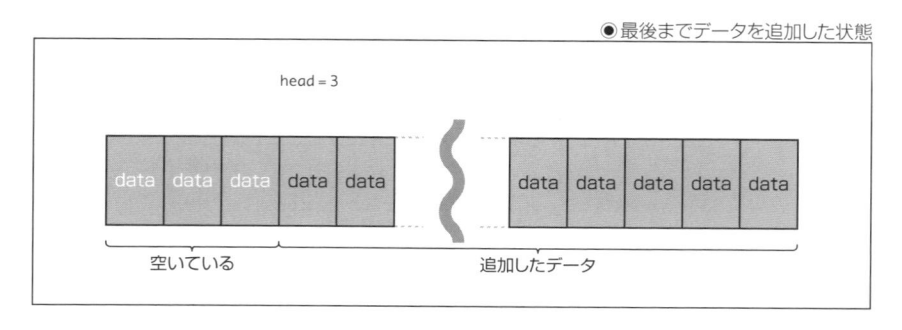

◉最後までデータを追加した状態

　この空き領域にデータを格納できるようにするには、配列の最後までデータを入れたら、`tail` の値を `0` に戻します。

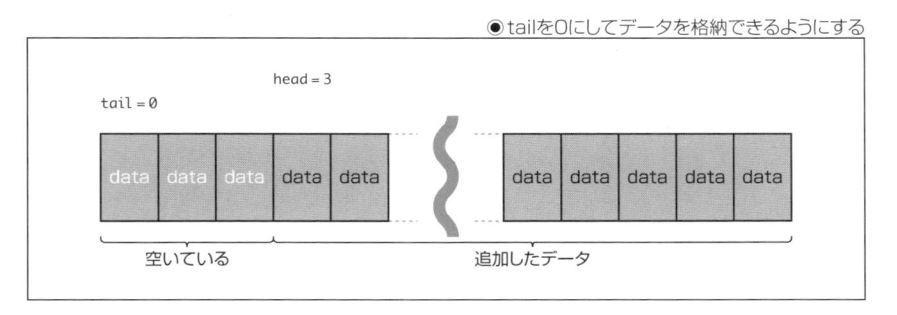

●tailを0にしてデータを格納できるようにする

　以上のような仕組みで、データの出し入れを延々と続けられるリングバッファを実現します。

◆ データの上書きを防ぐ

　配列の最後までデータを入れ `tail` の位置を先端に戻し、再びデータを追加して `tail` が `head` と同じ位置になったとします。そこにデータを格納すると、`head`（ `tail` ）の位置に保持されているデータが上書されて消えてしまいます。そうならないように、すべての要素にデータが格納されている場合、それ以上、データを追加しないようにします。

SECTION-16

キューを自作する

前の節で説明したリングバッファを用いてキューを自作します。

🔷 キューを自作したプログラム

リングバッファによりキューのデータ構造を実現したプログラムを確認します。 `enqueue` と `dequeue` を行う関数を定義し、キューにデータを出し入れします。

このプログラムは、1行目の `MAX = 6` 、2行目の `que = [0] * MAX` で、6つの要素を持つ配列を用意していますが、扱えるデータ数は `MAX - 1` の5つです。これは理解しやすいプログラムとするための措置で、動作確認後に説明します。

SAMPLE CODE 「Chapter3」→「queue_jisaku.py」

```
 1: MAX = 6
 2: que = [0] * MAX
 3: head = 0
 4: tail = 0
 5:
 6: def enqueue(d):
 7:     global tail
 8:     nt = (tail + 1)%MAX
 9:     if nt == head:
10:         print("空き領域がありません")
11:         return
12:     que[tail] = d
13:     tail = nt
14:     print("追加したデータ", d)
15:
16: def dequeue():
17:     global head
18:     if head == tail:
19:         print("データが存在しません")
20:         return None
21:     d = que[head]
22:     head = (head + 1) % MAX
23:     return d
24:
```

▼

```
25: for i in range(MAX):
26:     enqueue(i + 1)
27: for i in range(MAX):
28:     d = dequeue()
29:     print("取り出したデータ", d)
```

実行結果は次の通りです。

```
追加したデータ 1
追加したデータ 2
追加したデータ 3
追加したデータ 4
追加したデータ 5
空き領域がありません
取り出したデータ 1
取り出したデータ 2
取り出したデータ 3
取り出したデータ 4
取り出したデータ 5
データが存在しません
取り出したデータ None
```

1行目で配列の要素数を `MAX` に代入しています。このプログラムで保持できるデータ数は `MAX - 1` になります。

2行目ですべての要素に `0` が入った `que[]` という配列を用意しています。

3行目の `head` という変数でデータを取り出す位置を管理し、4行目の `tail` でデータを入れる位置を管理します。

● 定義した「enqueue()」関数の処理を確認する

6〜14行目にデータを入れる `enqueue()` という関数を定義しています。この関数は追加するデータをdという引数で受け取ります。

8行目の `nt = (tail + 1) % MAX` という式で、データを入れる次の位置を変数 `nt` に代入します。`%` は剰余を求める演算子で、`A % B` は `A` を `B` で割った余りになります。`tail` の値が `MAX - 1` のとき（配列の最後の要素を指すとき）、`nt = (tail + 1) % MAX` で `nt` は `0` になります。これが**リングバッファの実現に必要な、配列の終端と先頭をつなぐ計算**です。

　nt と head の値が一致した場合、データを格納する空きがない状態です。そのときは9～11行目の if 文で、空き領域がないことを print() で出力し、return で関数を抜けます。

　nt と head が一致しなければ、12行目で que[tail] にデータを格納し、13行目で tail に nt の値を代入します。

　データを追加したことがわかるように、14行目で d の値を出力します。

● 定義した「dequeue()」関数の処理を確認する

　16～23行目にデータを取り出す dequeue() という関数を定義しています。

　head と tail の値が一致した場合、データが存在しません。そのときは18～20行目の if 文で、データが存在しないことを print() で出力し、return で関数を抜けます。

　head と tail が一致しなければデータが保持されています。そのときは21行目の d = que[head] で取り出すデータを変数 d に代入します。

　22行目の head = (head + 1) % MAX で head の位置を1ずらします。headの値が MAX - 1 のとき（配列の最後の要素を指すとき）、この式で head を 0 に戻します。これが enqueue() 関数の nt = (tail + 1) % MAX とセットになる、リングバッファを実現するための式です。

　23行目で取り出した値を return で返します。

● 「enqueue()」と「dequeue()」の呼び出しを確認する

　25～26行目の for 文で enqueue() を呼び出し、キューにデータを入れます。繰り返す範囲を range(MAX) としてMAX回繰り返しています。保持できるデータの数が MAX - 1 なので、MAX回目の enqueue() の呼び出しで「空き領域がありません」と出力されます。

　27～29行目の for 文で dequeue() をMAX回呼び出し、取り出したデータを出力します。すべてのデータを取り出した後に dequeue() を呼び出すと None が返るので、最後のデータが None になります。

🎁 head、tail、ntの値について

1行目 `MAX = 6` で配列の要素数を 6 としましたが、格納できるデータの数は `MAX - 1` の5つです。その理由を説明します。

`enqueue()` 関数の `nt = (tail + 1) % MAX` で、データを入れる次の位置を決め、`nt` と `head` が同じ値ならデータを入れる空きがないと判断しています。

次の図のように6つの要素のうち5つにデータを格納したとします。このとき、`head` は `0`、`tail` は 5 で、`nt = (tail + 1) % MAX` で `nt` は `0` になります。

`nt`、`head` とも `0` で値が一致するので、最後の要素が空いていますが、データを入れる空きがないとしています。

●head、tail、ntの値

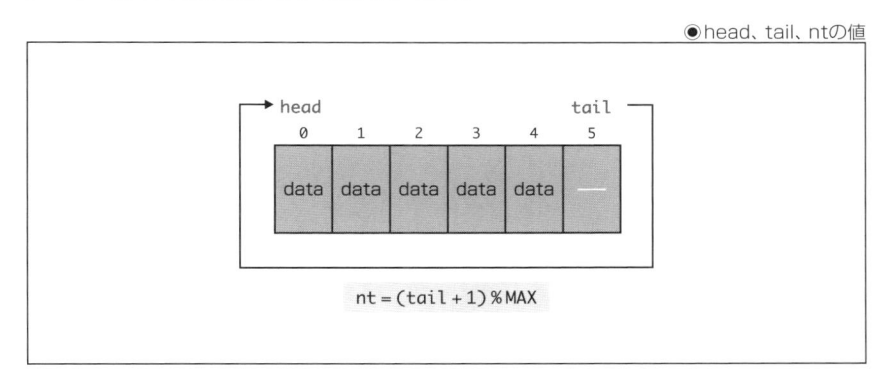

この状態で空いている要素にデータを保持できるようにするには、プログラムを複雑にしなくてはなりません。本書では初学者が理解しやすいように短いプログラムを掲載しています。そのため、保持できるデータ数を配列の **要素数 - 1** とします。

CHAPTER
04
データ構造②
リスト、木、グラフ

>>> **本章の概要**

この章では、リスト、木、グラフというデータ構造を学びます。
ここで取り上げるリストは、連結リストと呼ばれるデータ構造で、
Pythonに備わるリストとは特徴が少し異なるものになります。

リストと配列の違い

この節では、リストと配列の違いについて説明します。

🔹 リストと配列の違い

リストはデータを順序よく格納するデータ構造で、要素の追加や削除を行うことができます。

配列はデータを**インデックス**（添え字）で管理するもので、要素間の直接的なつながりはありません。配列のサイズは固定されており、一度作成するとサイズを変更できません。サイズを調整できる**動的配列**と呼ばれるデータ構造もありますが、本書で使用する配列という言葉は、一度作成したら要素数を変更できない配列を指すものとします。

リストと配列の特徴を表にまとめます。

●リストと配列の特徴

	データの追加、削除（要素数の変更）	操作速度（メモリへのアクセス速度）
リスト	可能	一般的に配列より遅い
配列	不可能	高速

🔹 リストの基本構造

本書では連結リストと呼ばれるデータ構造を学びます。**連結リスト**は、データと、データ間のつながりを示す情報がセットになったデータ構造です。どのような構造かを次の図で確認します。

●連結リストの基本構造

連結リストの要素1つひとつを**ノード**といいます。ノードがどのノードにつながるかを示す値を**ポインタ**や**リンク**といいます。

🔹 連結リストの種類

データのつながり方によって次の種類に分けられます。

◆ 片方向リスト（単方向リスト）

ノードが1つのポインタを持ち、ポインタが次のノードを指し、データが一方向につながるリストを**片方向リスト**や**単方向リスト**といいます。

●片方向リスト

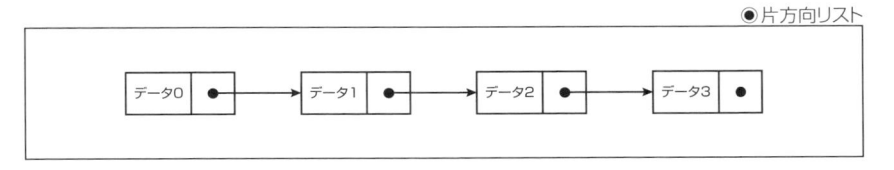

◆ 双方向リスト

ノードが2つのポインタを持ち、それらが前方と後方を指す構造になったものを**双方向リスト**といいます。

●双方向リスト

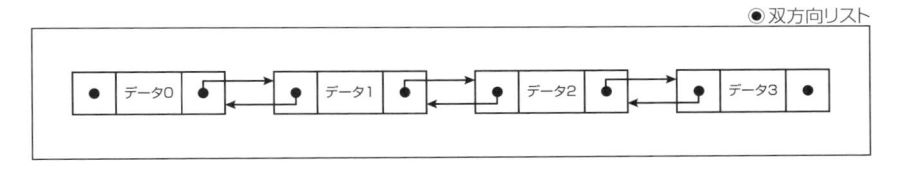

◆ 循環リスト

リストの先頭と末尾がつながった構造を**循環リスト**といいます。

循環リストの中で、末尾のポインタが先頭のノードを指し、データが一方向に循環するリストを**片方向循環リスト**といいます。

●片方向循環リスト

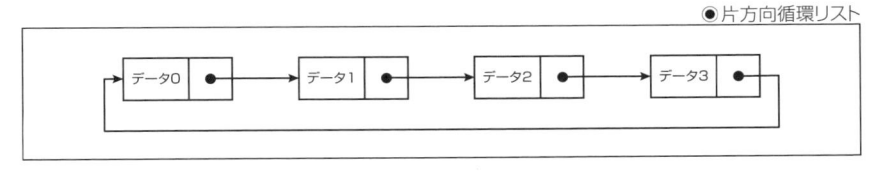

双方向リストの先頭ノードのポインタが末尾を指し、末尾ノードのポインタが先頭を指すリストを**双方向循環リスト**といいます。

●双方向循環リスト

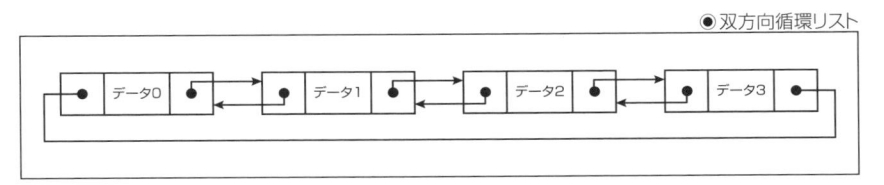

これらのリストの中で、片方向リストを101ページで自作します。

01
02
03
04
データ構造②
05
リスト、木、グラフ
06
07
08
09
10
11
12

Pythonのリストを利用する

Pythonのリストを片方向リストとして使用するプログラムで、連結リストが具体的にどのようなものかを確認します。

● Pythonのリストを片方向リストとして用いる

Pythonのリストを片方向の連結リストとして使用できます。ただし、厳密にはPythonのリストは連結リストと異なり、動的配列に近いデータ構造です。要素の追加・削除、ランダムアクセスにおいて連結リストと異なる性質があり、この節の最後で説明します。

● Pythonのリストを使用したプログラム

Pythonのリストを使用するプログラムを確認します。空のリストを用意して、そこに複数のデータを追加します。

SAMPLE CODE 「Chapter4」→「python_list_1.py」

```
1: data = []
2: for i in range(10):
3:     data.append(i * 10)
4: print(data)
```

実行結果は次の通りです。

```
[0, 10, 20, 30, 40, 50, 60, 70, 80, 90]
```

1行目で data という空のリストを用意しています。

2～3行目の for 文にある append() は、引数をリストの末尾に追加する命令です。このプログラムでは引数を i * 10 として、10の倍数を追加します。

4行目で data の中身を出力します。Pythonの print() の引数にリスト名を与えると、すべての要素を出力できます。出力結果から、追加した順にデータが格納されていることがわかります。

なお、Pythonのリストは文字列も格納でき、append() の引数を文字列とすることもできます。

🍃 データの挿入と削除

連結リストは任意の位置に新たなデータを挿入したり、既存のデータを削除できます。Pythonのリストにもデータを挿入する `insert()` と、データを削除する `remove()` という命令があります。それらを使用したプログラムを確認します。

SAMPLE CODE 「Chapter4」→「python_list_2.py」

```
1: data = []
2: for i in range(10):
3:     data.append(i * 10)
4: data.insert(5, 100)
5: data.remove(70)
6: print(data)
```

実行結果は次の通りです。

```
[0, 10, 20, 30, 40, 100, 50, 60, 80, 90]
```

リストの要素の番号（インデックス）は、配列と同様に先頭が `0` です。

このプログラムは `insert(5, 100)` でリストの5番目の位置に `100` というデータを挿入します。また、`remove(70)` で `70` というデータを削除します。

🍃「remove()」の使い方に注意する

`remove()` を使用する際、注意点があります。それは存在しないデータを削除しようとするとエラーになることです。

リストに指定のデータがあるかを調べることができます。データを削除する際、それが存在するかを調べてから削除すると安全なプログラムになります。

リストに指定のデータがあるかを調べるプログラムを確認します。

SAMPLE CODE 「Chapter4」→「python_list_3.py」

```
1: data = []
2: for i in range(10):
3:     data.append(i * 10)
4: print(data)
5:
6: key = 100
7: if key in data:
8:     print(key, "はリストに含まれる")
```

```
 9: else:
10:     print(key, "はリストに含まれない")
```

実行結果は次の通りです。

```
[0, 10, 20, 30, 40, 50, 60, 70, 80, 90]
100 はリストに含まれない
```

1〜3行目で空のリストにデータを追加します。

6行目の key という変数に調べるデータを代入します。

7行の if key in data で、リストに指定のデータがあるかを調べます。**「key in data」は「data」に「key」が存在すれば「True」になり、存在しなければ「False」になります。**

❤ Pythonのリストを操作する主な命令

Pythonのリストを操作する主な命令(メソッド)を表にまとめます。

●Pythonのリストを操作する主な命令

命令	行われる処理
list.append(値)	リスト末尾に要素(データ)を追加する
list.insert(位置, 値)	指定の位置に要素を挿入する
list.remove(値)	指定の値を持つ最初の要素を削除する
list.pop(位置)	指定した位置にある要素を削除し、その値を返す
list.clear()	リストの全要素を削除する

❤ Pythonのリストと連結リストの違いについて

Pythonのリストはデータの末尾に対するappend(追加)は高速に行われますが、リストの先頭にinsert(挿入)すると処理に時間が掛かります。それは要素の中身を1つずつずらしてデータを入れ直すためです。

連結リストはデータを入れ直すことはせず、挿入や削除をポインタの付け替えで行うので、データ操作を高速に行うことができます。ただし、特定の位置へアクセスするときに、要素を順にたどる必要があるため、データ量や位置によっては処理時間が増えることもあります。

ポインタの付け替えがどのような仕組みかを、この後、片方向の連結リストを自作する中で説明します。

片方向リストを自作する

片方向の連結リストを自作して、データ構造への理解を深めます。

どのように自作するか

連結リストを自作するにはいろいろな方法が考えられます。本書では配列を用いて自作する、わかりやすい方法を採用します。

次の図のように data という配列にデータを代入し、link という配列に次のノードを指す値を代入します。

●配列で片方向リストを作る

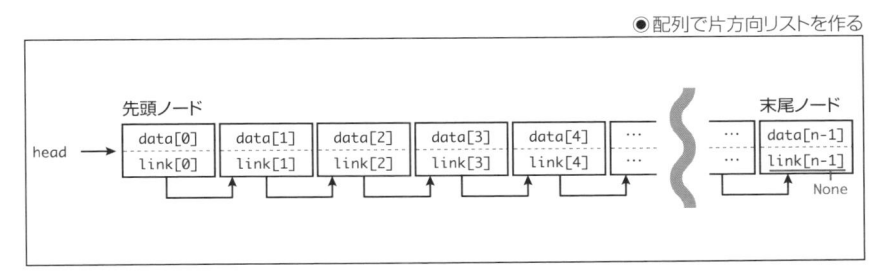

先頭ノードの位置を head という変数で保持します。たとえば data[0] を削除すると data[1] が新たな先頭になります。それを head で管理します。

この節で作るプログラムは、末尾ノードの link[] に None を代入して管理します。None は何もないことを意味するPythonの値です。None の代わりに -1 などの特別な値を入れて管理することもできます。

定義する関数

この節では、次の3つの関数を定義します。

❶ データを追加する関数

❷ データ一覧を出力する関数

❸ データを削除する関数

❶の関数に格納するデータを与えて呼び出すと、そのデータがリストの末尾に追加されるようにします。❷の関数を呼び出すと、リストにあるすべてのデータが出力されるようにします。❸の関数に削除するデータを与えて呼び出すと、そのデータが削除されるようにします。

● 片方向リストを自作したプログラム

片方向リストを自作したプログラムを確認します。動作がわかりやすいように、保持できるデータの数を10に限定します。

SAMPLE CODE 「Chapter4」→「linked_list.py」

```python
 1: MAX = 10
 2: data = [None] * MAX
 3: link = [None] * MAX
 4: head = None
 5:
 6: def add_data(d):
 7:     global head
 8:     n = -1
 9:     for i in range(MAX):
10:         if data[i] == None:
11:             n = i
12:             break
13:     if n == -1:
14:         print("リストが満杯で追加できません")
15:         return
16:     if head == None:
17:         head = n
18:     else:
19:         p = head
20:         while link[p] != None:
21:             p = link[p]
22:         link[p] = n
23:     data[n] = d
24:     link[n] = None
25:     print("追加したデータ", d)
26:
27: def put_data():
28:     if head == None:
29:         print("リストが空です")
30:         return
31:     p = head
32:     while p != None:
33:         print(data[p], end="->")
34:         p = link[p]
35:     print("EOF")
36:
```

▼

```
37: def del_data(d):
38:     global head
39:     if head == None:
40:         print("リストが空で削除できません")
41:         return
42:     pre = None
43:     p = head
44:     while p != None:
45:         if data[p] == d:
46:             data[p] = None
47:             if pre == None: # 先頭ノードを削除する場合
48:                 head = link[p]
49:             else: # 先頭以外を削除する場合
50:                 link[pre] = link[p]
51:             link[p] = None
52:             print(d, "を削除しました")
53:             return
54:         pre = p
55:         p = link[p]
56:     print(d, "は存在しません")
57:
58: # 動作の確認
59: for i in range(1, 12): add_data(i * 10)
60: del_data(10)
61: del_data(50)
62: del_data(110)
63: put_data()
```

実行結果は次の通りです。

```
追加したデータ 10
追加したデータ 20
追加したデータ 30
追加したデータ 40
追加したデータ 50
追加したデータ 60
追加したデータ 70
追加したデータ 80
追加したデータ 90
追加したデータ 100
リストが満杯で追加できません
```

```
10 を削除しました
50 を削除しました
110 は存在しません
20->30->40->60->70->80->90->100->EOF
```

　1行目の `MAX` で保持できるデータの数を定めています。

　2行目の `data[]` がデータを格納する配列、3行目の `link[]` がノード間のつながりを保持する配列です。Pythonでは **配列変数名 = [初期値]*要素数** という記述で配列を用意できます。

　4行目の `head` という変数で先頭ノードを管理します。 `head` が `None` のときはデータが1つも格納されていない状態です。たとえば `head` が `5` なら、`data[5]` にリストの先頭にあるデータが格納されています。

　データを追加する `add_data()`、データ一覧を出力する `put_data()`、データを削除する `del_data()` という関数を定義しています。それらの処理を、この後、順に説明します。

　59行目の `for` 文で `10`、`20`、`30`、`40`、`50`、`60`、`70`、`80`、`90`、`100`、`110` というデータをリストに追加します。保持できるデータ数を `10` としたので、`110` は追加できず、「リストが満杯で追加できません」と出力されます。なお、この `for` 文は改行せずに1行で記述しました。

　60〜62行目で `del_data()` を呼び出し、`10`、`50`、`110` を削除します。その際、`110` は存在しないので「110 は存在しません」と出力されます。

　63行目で `put_data()` を呼び出し、リストに格納されているデータの一覧を出力します。

● 「add_data()」関数の処理を確認する

　6〜25行目にリストの末尾にデータを追加する `add_data()` 関数を定義しています。この関数は追加するデータを引数で受け取ります。

　`head` の値を関数内で変更するので、関数の冒頭で `global head` と記述しています。

　8行目の `n` はノード番号（配列のインデックス）を代入する変数です。

　9〜12行目の `for` 文と `if` 文で空いているノードを探します。空きがないときは13〜15行目で、その旨を出力し、`return` で関数を抜けます。

16〜17行目の `if` 文で、データが1つも存在しないときに先頭ノードになる番号を `head` に代入します（下図参照）。

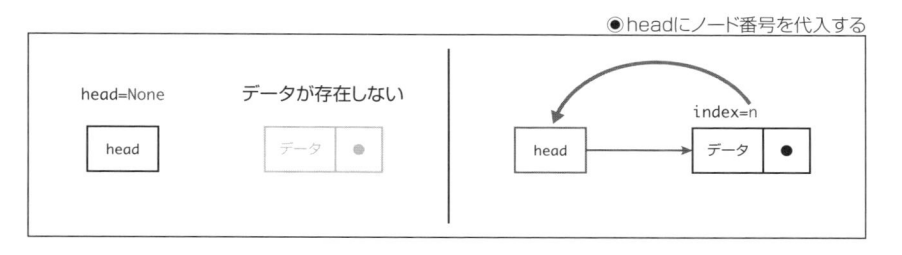

●headにノード番号を代入する

データが存在するときは18〜22行目の `else` のブロックの処理が行われます。19〜21行目で `p` という変数を使い、ノード間のつながりをたどって末尾ノードを探します。21行目の `p = link[p]` で、次のノード番号（配列のインデックス）を `p` に代入します。これを繰り返すことで先頭から末尾までたどることができます。末尾は `link[]` に `None` が代入されているノードです。

22行目の `link[p] = n` で、データ追加前の末尾のポインタが、新たにデータを格納するノードを指すようにしています（下図参照）。

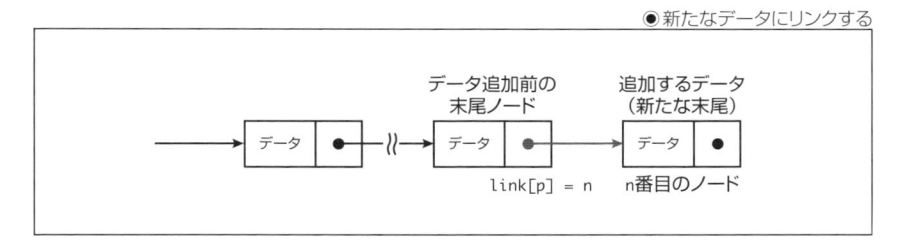

●新たなデータにリンクする

23行目で新たなデータを `data[n]` に格納します。

24行目で `link[n]` に `None` を代入し、データを格納したノードを新たな末尾としています。

🔲「put_data()」関数の処理を確認する

27〜35行目にデータの一覧を出力する `put_data()` 関数を定義しています。

28〜30行目の `if` 文で、`head` が `None` ならデータが1つもないので、その旨を出力し、`return` で関数を抜けます。

31行目以降がデータが格納されているときの処理です。変数 `p` に `head` の値（先頭ノードの番号）を代入し、`while` による繰り返しでノードのつながりをたどりながらデータを出力します。

`while` の条件式を `p != None` としています。`link[]` に `None` が代入されたノードが末尾であり、そこに達したら `while` の繰り返しが終わります。

最後に `EOF` という文字列を出力します。EOFは「End of File」（ファイルの終わりという意味）の略語です。

🔲「del_data()」関数の処理を確認する

37〜56行目にデータを削除する `del_data()` 関数を定義しています。この関数は削除するデータを引数で受け取ります。

`head` の値を関数内で変更するので、関数の冒頭で `global head` と記述しています。

39〜41行目の `if` 文で `head` が `None` かを調べます。`head` が `None` ならデータが1つも格納されておらず、当然、削除できないので、その旨を出力して `return` で関数を抜けます。

42行目以降が目的のノードを探して削除する処理です。

42行目の `pre` という変数で1つ前のノード番号（インデックス）を保持します。

43行目で変数 `p` に `head` の値を代入し、44行目からの `while` 文でノードのつながりをたどり、削除するノードを探します。目的のデータが見つかると45行目の `if` 文の条件式が成り立つので、そのときにノードを削除します。

連結リストのノードの削除をポインタの付け替えで行います。先頭ノードの削除と、それ以外のノードの削除で、それぞれ次のようにポインタを付け替えます。

◆ 先頭ノードを削除する（48行目）

削除するノードのポインタの値を `head` に代入すると、先頭のデータが削除されます。

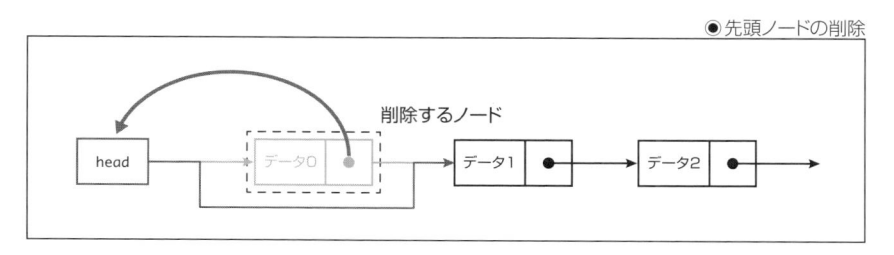

●先頭ノードの削除

この図はデータ0のポインタ（リンク）を `head` に代入することで、`head` がデータ1を指すようになることを表しています。これでデータ0は存在しないことになります。

◆ 先頭以外のノードを削除する（50行目）

削除するノードの1つ前のノードのポインタに、削除するノードのポインタを代入すると、データが削除されます。

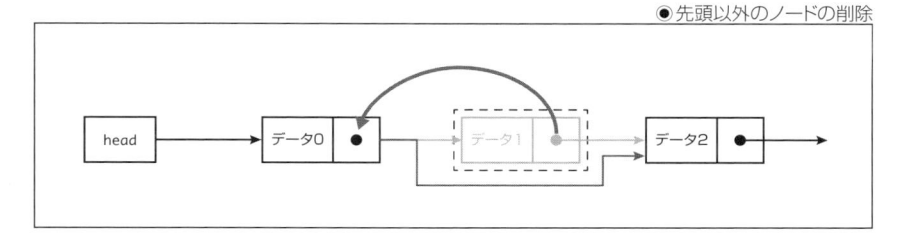

●先頭以外のノードの削除

この図はポインタの付け替えにより、データ0の次がデータ2になることを表しています。これでデータ1は存在しないことになります。

データを削除したら、53行目の `return` で `del_data()` 関数の処理を終えます。

末尾までたどっても削除するデータが見つからなければ、56行目でそれが存在しないことを出力します。

木とは

この節では、木というデータ構造について説明します。

木の全体像

木はデータが枝分かれするデータ構造です。木は**木構造**とも呼ばれます。木にはいろいろな種類があり、基本的な構造を次の図を使って説明します。

●木（木構造）

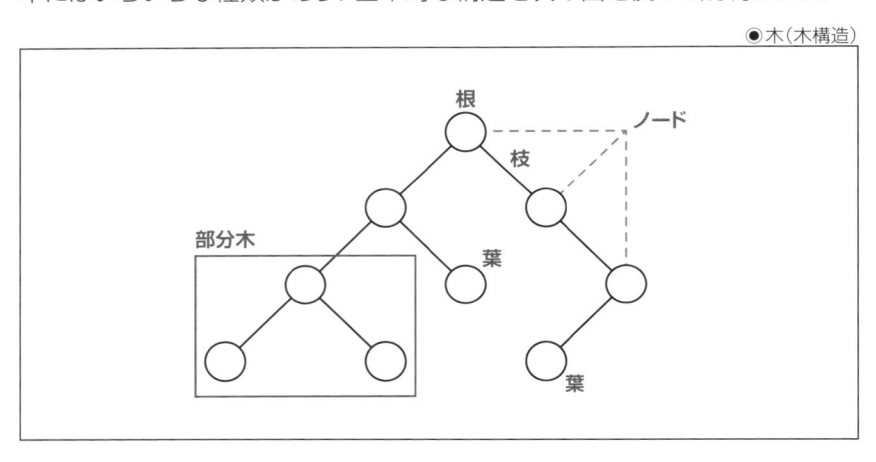

木は、**ノード**と呼ばれる接点と、それらを結ぶ**枝**で構成されます。

木の頂点に位置するノードを**根**といいます。根と反対側の末端に位置するノードを**葉**といいます。

この図の左下の枠内のような木の一部分で、それ自身も木構造であるものを**部分木**と呼びます。

木のノードに親子の関係がある

木のノードには親子の関係があります。いずれかのノードにぶらさがるノードを**子**といい、子がぶらさがる相手を**親**といいます。同じ親を持つノードを**兄弟**といいます。

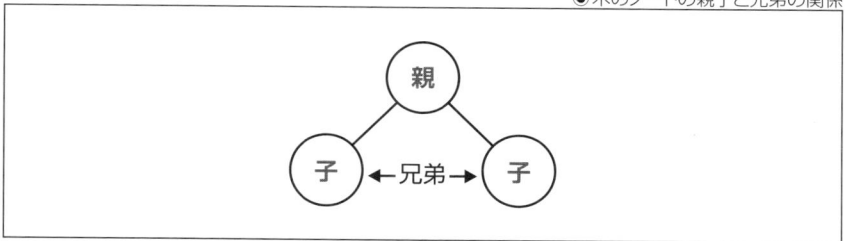

● 木のノードの親子と兄弟の関係

根は最上位に位置する親です。葉は子になり、親を持ちます。

🧊 二分木について

ノードが下層の2つ以下のノードにつながる木を**二分木**といいます。

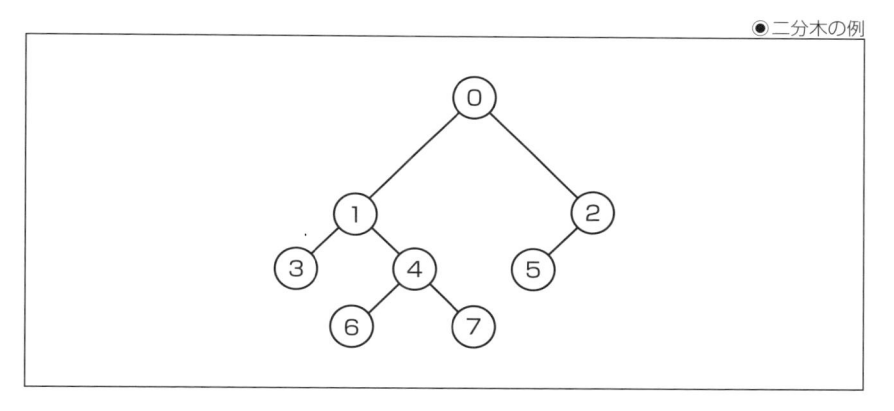

● 二分木の例

この図の二分木の根は0です。3、6、7、5が葉です。

あるノードが根から何層目にあるかを**深さ**といいます。根の深さは0です。3、4、5は深さ2にあり、6と7は深さ3にあります。

下に位置するノードから上に位置するノードまでの**高さ**を考えることもあります。たとえば、この図の1は6や7から見て高さ2にあります。

🧊 さまざまな木

木にはいろいろな種類があります。子ノードが任意の数存在する木を**多分木**といいます。多分木の中で子が2つまでのものが二分木です。

すべての親子関係において、親が子より大きいか等しい、または、小さいか等しいという条件を満たす二分木を**ヒープ**といいます。他にも特別な形を持つ木など、複数の種類があります。

🔹 木とリストの違い

木とリストは異なるデータ構造です。リストはデータが直線的に並び、各要素が1つ前や後の要素に接続されます。一方、木は階層的なデータ構造で、親ノードが複数の子ノードを持ち、データが枝分かれしてつながる特徴があります。

🔹 日常生活で利用される木

私たちが目にするものの中に、木でデータを扱うものがあります。たとえば、会社の組織図や家系図が典型例です。スポーツのトーナメント表は二分木と捉えることができます。コンピュータ内部でフォルダやファイルがどのように配置されているかも、親フォルダが子フォルダやファイルを持つ木構造で表現されます。

● 木構造の例（会社の組織図）

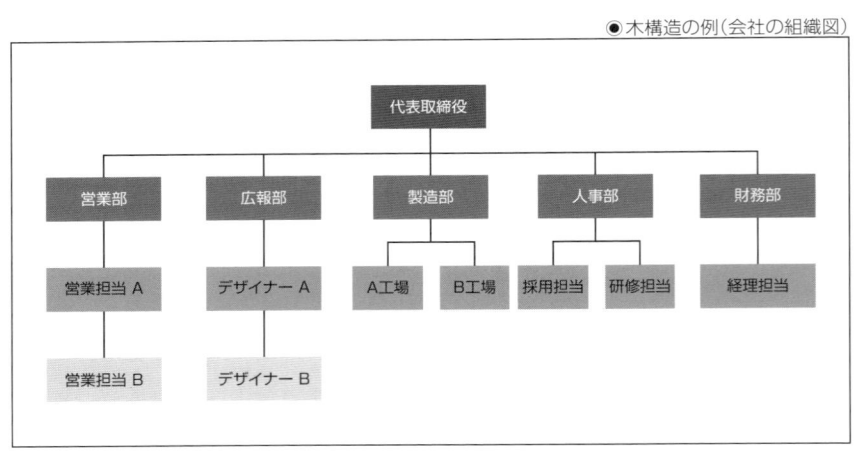

🔹 本書で学ぶ木について

次の節で二分木のデータを管理するプログラムを制作します。

CHAPTER 11のアルゴリズムの学習でヒープと呼ばれる木を取り上げ、ヒープを使ってデータを並べ替える手法を学びます。CHAPTER 11では二分探索木と呼ばれる木を用いたアルゴリズムも取り上げます。

木を自作する

二分木を自作して木構造への理解を深めます。

🔷 どのように自作するか

二分木を自作するにはいろいろな方法が考えられます。本書では配列を使って自作する、わかりやすい方法を採用します。

次の図で二分木のデータを定義する方法を説明します。この木には10から90までの数が記されています。それらが各ノードのデータです。

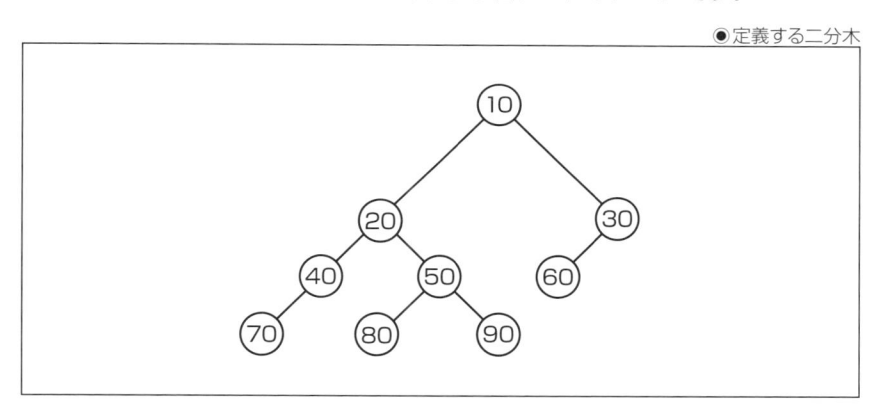

●定義する二分木

すべてのノードに番号を付けます。次の図の太字の数字のように、根から見て浅い層から深い層へと、左から右にたどって番号を割り振ります。

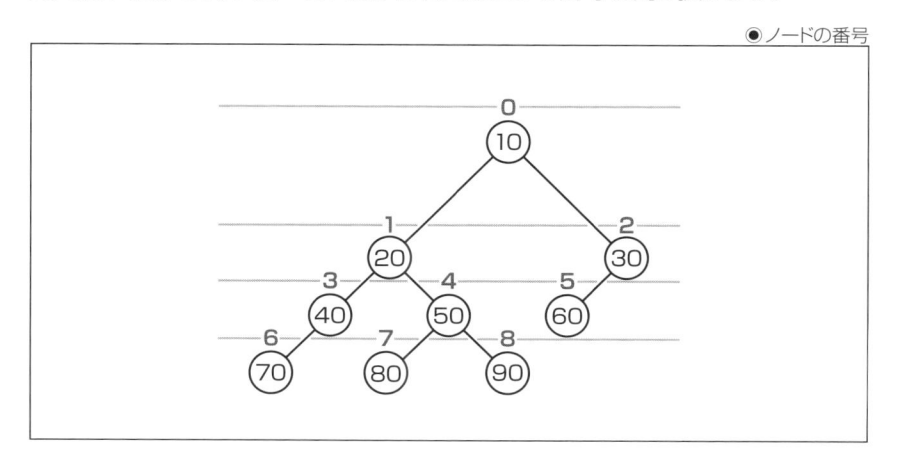

●ノードの番号

　この番号を二次元配列の行として、各ノードのデータと、そのノードが何番の子につながるかを次のように定義します。

◉二次元配列で二分木を定義

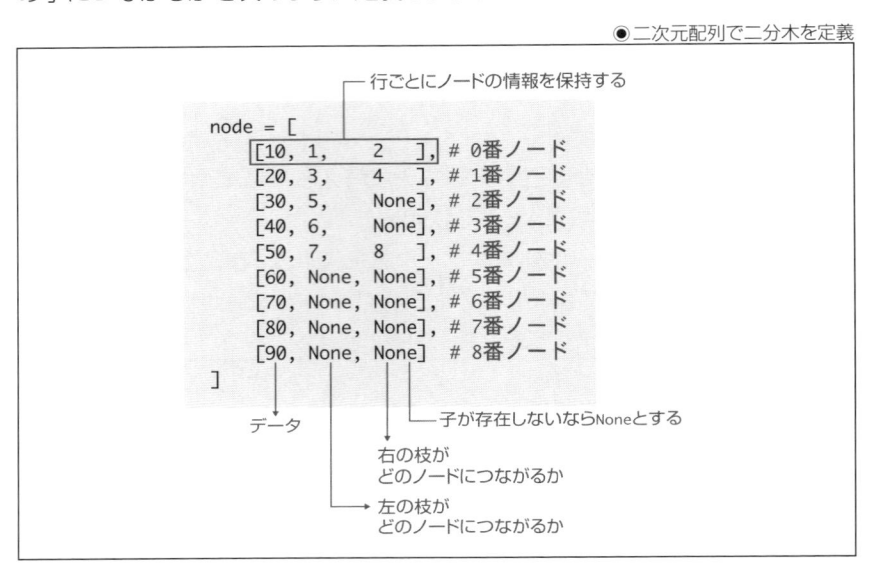

　1つの行に1つのノードの情報を配置します。

　`node[number][type]` としたとき、`number` がノード番号になります。

　`type` は、`0` がデータを指し、`1` が左の子のノード番号、`2` が右の子のノード番号を指します。

🌳 二分木の自作例

　二分木を二次元配列で定義したプログラムを確認します。ノード番号を入力すると、そのノードのデータと、子を持つ場合、子は何番ノードかを出力します。

SAMPLE CODE　「Chapter4」→「binary_tree_1.py」

```
1: node = [
2:     [10, 1,    2   ], # 0番ノード
3:     [20, 3,    4   ], # 1番ノード
4:     [30, 5,    None], # 2番ノード
5:     [40, 6,    None], # 3番ノード
6:     [50, 7,    8   ], # 4番ノード
7:     [60, None, None], # 5番ノード
8:     [70, None, None], # 6番ノード
```

▼

```
 9:    [80, None, None], # 7番ノード
10:    [90, None, None]  # 8番ノード
11: ]
12: DATA = 0
13: LEFT = 1
14: RIGHT = 2
15: MAX = len(node)
16:
17: print("ノードのデータと、どのノードにつながるかを出力します")
18: print("何も入力せずEnterを押すと終了します")
19:
20: while True:
21:     s = input("number?")
22:     if s == "": break
23:     n = int(s)
24:     if n < 0 or n >= MAX:
25:         print("0 から", MAX - 1, "の番号を入力してください")
26:         continue
27:     print("node", n, "のデータ", node[n][DATA])
28:     le = node[n][LEFT]
29:     if le == None:
30:         print("左の子は存在しません")
31:     else:
32:         print("左の子は", le, "番ノードです")
33:     ri = node[n][RIGHT]
34:     if ri == None:
35:         print("右の子は存在しません")
36:     else:
37:         print("右の子は", ri, "番ノードです")
```

実行結果は次の通りです。

```
ノードのデータと、どのノードにつながるかを出力します
何も入力せずEnterを押すと終了します
number?0
node 0 のデータ 10
左の子は 1 番ノードです
右の子は 2 番ノードです
number?1
node 1 のデータ 20
左の子は 3 番ノードです
```

右の子は 4 番ノードです
number?2
node 2 のデータ 30
左の子は 5 番ノードです
右の子は存在しません
number?3
node 3 のデータ 40
左の子は 6 番ノードです
右の子は存在しません
number?4
node 4 のデータ 50
左の子は 7 番ノードです
右の子は 8 番ノードです
number?5
node 5 のデータ 60
左の子は存在しません
右の子は存在しません
number?6
node 6 のデータ 70
左の子は存在しません
右の子は存在しません
number?7
node 7 のデータ 80
左の子は存在しません
右の子は存在しません
number?8
node 8 のデータ 90
左の子は存在しません
右の子は存在しません
number?9
0 から 8 の番号を入力してください
number?

　1〜11行目の node[][] という二次元配列で二分木を定義しています。
　データ、左の子の番号、右の子の番号を扱いやすいように、12〜14行目で DATA = 0 、LEFT = 1 、RIGHT = 2 と定義しています。これらは node[行][列] の列の値になります。
　15行目の MAX = len(node) で node[][] の行数を MAX に代入します。 MAX は 9 になり、これがノードの総数です。 len() は引数が一次元配列なら要素数、二次元配列なら行数を返します。

❖ ノードを調べる処理を確認する

20行目の `while True` のループで処理を繰り返します。**「while」の条件式を「True」にすると条件が常に成り立つので、「break」を実行するまで延々と処理を繰り返します。**

21行目の `input()` で、調べるノード番号を入力します。何も入力せずに「Enter」キー（「return」キー）を押した場合、22行目の `break` で `while` の繰り返しを中断します。

`input()` で入力した値は文字列なので、23行目の `int()` で数に変換しています。整数以外を入力したときのエラー対策をしていないので、アルファベットなどを入力すると、数に変換できずにエラーになります。このエラーに対処する方法を後で説明します。

存在しないノード番号を入力したときは24〜26行目の `if` 文で注意文を出力し、`continue` で `while` のブロックの先頭に戻します。

入力した番号 n が `0` から `MAX - 1` なら、27行目で、そのノードのデータ `node[n][DATA]` を出力します。また、28〜32行目で `node[n][LEFT]` の値を調べ、左の子のノード番号を出力します。このとき、左の子が存在しなければ「左の子は存在しません」と出力します。

同様に33〜37行目で `node[n][RIGHT]` を調べ、右の子のノード番号、あるいは、存在しないことを出力します。

❖ 「try except」による例外処理

`try` と `except` を使って、エラーなどの予期せぬ事態が起きたときに対処できます。 `try` のブロックにエラーが発生する可能性のある処理を記述し、`except` のブロックにエラー発生時の対応を記述します。これを**例外処理**といいます。

`try except` を用いると、エラーが発生してもプログラムが中断せずに、`except` のブロックに処理が移ります。

`finally` を併用して、エラーの有無にかかわらず実行する処理を記述することもできますが、本書では `finally` は使用しません。

🎲 数以外を入力したときのエラー対策

`binary_tree_1.py` の23行目の `n = int(s)` を次のように書き変えると、整数以外を入力したときにメッセージを出力して、再入力させることができます。

```
23:    try:
24:        n = int(s)
25:    except:
26:        print("整数を入力してください")
27:        continue
```

グラフとは

この節では、グラフというデータ構造について説明します。

🔲 グラフの概要

グラフは複数の**ノード**（頂点）と、それらを結ぶ**エッジ**（辺）で構成された
データ構造です。

●グラフ

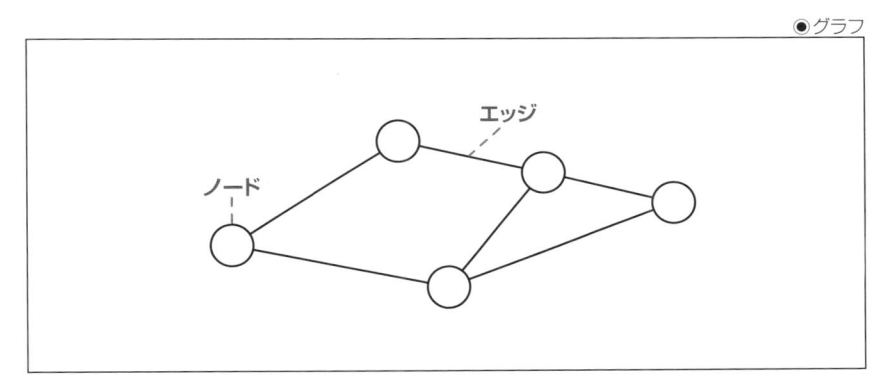

🔲 グラフと木の違い

グラフと木は異なるデータ構造です。木は根から階層的に枝分かれし、循
環部分（サイクル）が存在しません。一方、グラフには循環する部分が含まれ、
ノード同士のつながり方が必ずしも階層的ではありません。

🔲 応用範囲の広いグラフ

グラフの応用範囲は広く、私たちは日常的にグラフを用いています。たと
えば電車やバスの路線図、一般道や高速道の道路網、飛行機の就航図などの
交通ネットワークがグラフで表されます。

●グラフの例（電車の路線図）

データ構造② リスト、木、グラフ

　ドラマやアニメの登場人物を線で結び、友好関係などを書き入れた図もグラフの一種です。

🌐 無向グラフと有向グラフ

　電車の路線図に2つの駅Aと駅Bがあるとします（駅をノードとします）。それらを結ぶ線路（エッジ）は双方向につながります。通常、線路は一方通行でなく、駅Aから駅Bへ電車で移動でき、駅Bから駅Aへも移動できます。すべてのノード間の接続が双方向であるグラフを**無向グラフ**といいます。

　それに対し、ノード間の向きを定義したグラフを**有向グラフ**といいます。たとえば一般道には一方通行の道がありますが、そのつながりを有向グラフで表せます。また、Webページ間のリンクやSNSのフォロワー関係なども有向グラフの一種です。

🔹 重み付きグラフ

エッジに**重み**や**コスト**と呼ばれる値を設けるグラフがあります。次の図がその例です。

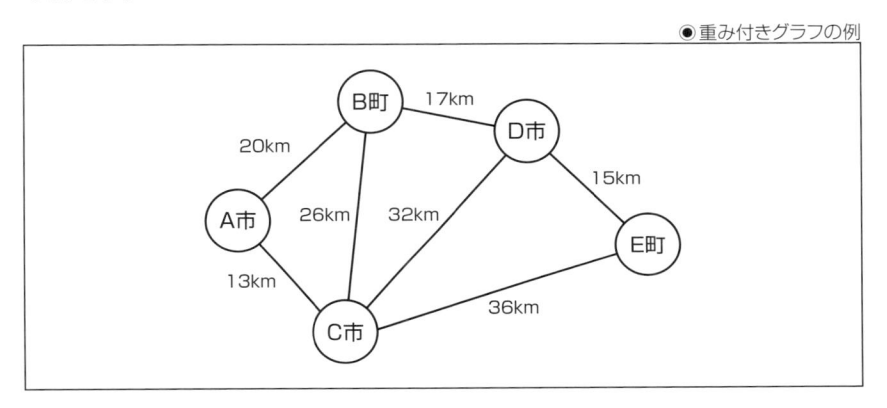

これは、架空の県の市と町を結ぶ主要な道路の距離を表したものです。このようなグラフを**重み付きグラフ**といいます。

01
02
03

04
データ構造②　リスト、木、グラフ

05
06
07
08
09
10
11
12

グラフをデータ化する

この節では、グラフをデータ化する方法を説明します。

🔷 有向グラフをデータとして定義する

次の図の有向グラフをデータ化する方法を説明します。グラフは行列を使って定義できます。

●データ化する有向グラフ

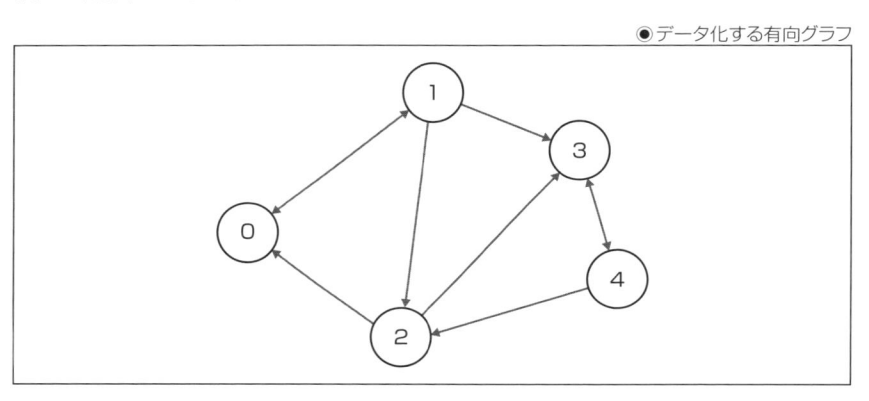

ノード⓪と①は互いに結ばれています。その結び付きを、ノード番号を行と列とした [0][1] と [1][0] のマスに 1 を置いて定義します。[][] は [行][列] を表します。

●ノードの結び付き定義する1

	⓪	①	②	③	④
⓪		1			
①	1				
②					
③					
④					

[0][0]、[1][1]、[2][2]、[3][3]、[4][4] のマスには 0 を置きます。

●ノードの結び付き定義する2

	⓪	①	②	③	④
⓪	0	1			
①	1	0			
②			0		
③				0	
④					0

⓪と②のノードは、⓪→②の向きには進めず、②→⓪の向きに進めます。それを表すのに [0][2] に 0 、[2][0] に 1 を置きます。

● ノードの結び付き定義する3

	⓪	①	②	③	④
⓪	0	1	0		
①	1	0			
②	1		0		
③				0	
④					0

①と②は、①→②の向きに進めるので、[1][2] に 1 、[2][1] に 0 を置きます。

● ノードの結び付き定義する4

	⓪	①	②	③	④
⓪	0	1	0		
①	1	0	1		
②	1	0	0		
③				0	
④					0

こうしてすべてのマスに 0 か 1 を配置します。

● ノードの結び付き定義する5

	⓪	①	②	③	④
⓪	0	1	0	0	0
①	1	0	1	1	0
②	1	0	0	1	0
③	0	0	0	0	1
④	0	0	1	1	0

この行列を二次元配列にすると次のようになります。

```
data = [
    [0, 1, 0, 0, 0],
    [1, 0, 1, 1, 0],
    [1, 0, 0, 1, 0],
    [0, 0, 0, 0, 1],
    [0, 0, 1, 1, 0]
]
```

次の節で、このデータを使って、ノード間のつながりを出力するプログラムを制作します。

　無向グラフも同様にデータ化できます。ノードAとノードBが結ばれているとき、無向グラフのノードは双方向につながるので、`[A][B]`、`[B][A]` とも `1` を置きます。

重み付きグラフをデータ化する

　重み付きグラフも行列や二次元配列で定義できます。次の図を使って説明します。この図は前の節の図（119ページ）と同じものです。

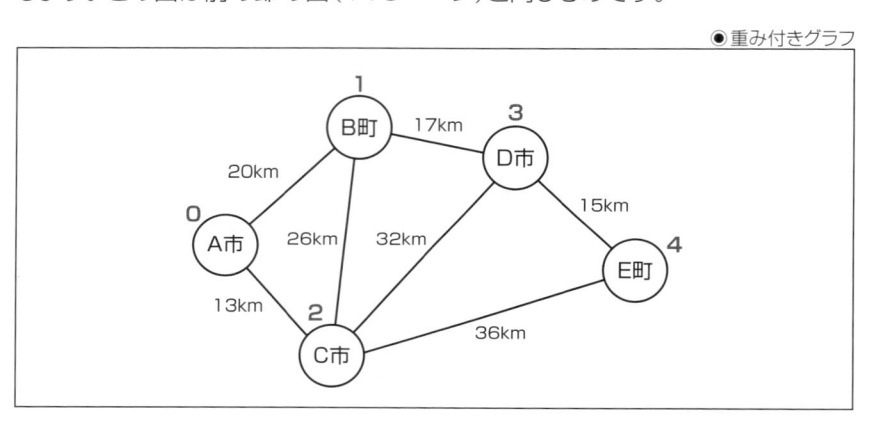

●重み付きグラフ

　A市、B町、C市、D市、E町を、それぞれノード0、1、2、3、4とします。

　ノード0（A市）とノード1（B町）は双方向に結ばれています。有向グラフで双方向に結ばれたノード⓪と①の `[0][1]` と `[1][0]` に `1` を配置しましたが、重み付きグラフは、そこに重み（ここでは距離の20）を設定します。

　他のノードも同様です。ノードMとNが互いにつながるなら、`[M][N]` と `[N][M]` に重みを配置します。一方通行の道があるなら、向きに応じて `[M][N]` か `[N][M]` のどちらかに重みを設定します。

　すべての市と町の結び付きと距離を行列にすると次のようになります。

●ノード間の重みを行列で定義する

	⓪	①	②	③	④
⓪	0	20	13	-1	-1
①	20	0	26	17	-1
②	13	26	0	32	36
③	-1	17	32	0	15
④	-1	-1	36	15	0

　この表では、道がつながらない市町間に `-1` という値を設定しました。

🔷 適切な値を用いてデータ化する

　重み付きグラフをデータ化する際、距離のように 0 という値をとりうる単位は、つながらないノードの定義に 0 を使用してはなりません。距離が 0 なのか、つながらないのか、区別できなくなるためです。

　たとえば無限大を意味する定数を用意して、つながらないノード間のデータとして使用する方法があります。また、Pythonには None という何もないことを意味する値があるので、それを使用してノードがつながらないことを表すようにします。

　グラフに限らず、どのようなデータ構造でも、扱うデータの種類に応じて、適切な値を用いてデータ化する必要があります。

🔷 隣接行列について

　この節では、グラフのノードに番号を付けて、それを行と列に対応させ、ノード間の結び付きを行列形式で表しました。グラフを表す行列はn行n列の正方形になります。そのような行列を**隣接行列**といいます。

グラフを自作する

前の節で定義したグラフのデータを使用して、エッジの向きや重みを出力するプログラムを制作します。

● 有向グラフのデータを扱うプログラム

有向グラフのノードがどのようにつながるかを出力するプログラムを確認します。前の節の有向グラフのデータ（121ページ）を使用します。

SAMPLE CODE 「Chapter4」→「graph_way.py」

```
 1: data = [
 2:     [0, 1, 0, 0, 0],
 3:     [1, 0, 1, 1, 0],
 4:     [1, 0, 0, 1, 0],
 5:     [0, 0, 0, 0, 1],
 6:     [0, 0, 1, 1, 0]
 7: ]
 8: NODE = ["(0)", "(1)", "(2)", "(3)", "(4)"]
 9: DIR = ["", "-->", "<--", "<->"]
10:
11: for y in range(5):
12:     for x in range(y, 5):
13:         edge1 = data[y][x]
14:         edge2 = data[x][y]
15:         d = edge1 + edge2 * 2
16:         if d > 0:
17:             print(NODE[y] + DIR[d] + NODE[x])
```

実行結果は次の通りです。

```
(0)<->(1)
(0)<--(2)
(1)-->(2)
(1)-->(3)
(2)-->(3)
(2)<--(4)
(3)<->(4)
```

実行結果を前の節の図（120ページ）と照らし合わせて確認しましょう。

1〜7行目の二次元配列 `data[][]` が前の節で有向グラフをデータ化したものです。8行目でノード番号を `NODE[]` という配列で定義しています。9行目の `-->` 、`<--` 、`<->` の記号はエッジの向きを表すものです。たとえば⓪と①のノードは互いにつながるので `(0)<->(1)` と出力し、②と④は②←④の向きにつながるので `(2)<--(4)` と出力します。

🔹 二重ループを用いて処理する

11〜17行目の変数 `y` と `x` による二重ループの `for` 文で処理を行います。

内側の `for` 文の変数 `x` の範囲を `range(y, 5)` とし、`x` を `y` から4まで変化させています。この範囲としたのは、次の表の範囲を調べれば、すべてのノード間のつながりを出力できるためです。

●調べるデータの範囲

```
data = [
    [0, 1, 0, 0, 0],     ──これらの要素を調べる
    [1, 0, 1, 1, 0],
    [1, 0, 0, 1, 0],
    [0, 0, 0, 0, 1],
    [0, 0, 1, 1, 0]
]
```

`for x in range(5)` や `for x in range(0, 5)` とした場合、ノード間のつながりが重複して出力されます。

🔹 エッジの向きを調べる

17行目の `print(NODE[y] + DIR[d] + NODE[x])` でノード番号とエッジの向きを出力します。エッジの向きを調べる方法を説明します。

13〜14行目で変数 `edge1` に `data[y][x]` 、変数 `edge2` に `data[x][y]` を代入します。`edge1` が 1 ならノードy→xの向きにつながっています。`edge2` が 1 ならノードy←x(x→y)の向きにつながっています。`edge1` と `edge2` とも 1 なら双方向につながります。

15行目の `d = edge1 + edge2 * 2` という式で、`d` が 1 なら→の向き、2 なら←の向き、3 なら双方向につながっています。その向きを9行目の `DIR[]` で定義しており、17行目の `DIR[d]` でエッジの向きを選んでいます。

🔹 重み付きグラフの重みを出力するプログラム

重み付きグラフの重みを出力するプログラムを確認します。前の節の市町間の距離の行列（122ページの表）を二次元配列にして使用します。

SAMPLE CODE 「Chapter4」→「graph_cost.py」

```
 1: data = [
 2:     [0, 20, 13, -1, -1],
 3:     [20, 0, 26, 17, -1],
 4:     [13, 26, 0, 32, 36],
 5:     [-1, 17, 32, 0, 15],
 6:     [-1, -1, 36, 15, 0]
 7: ]
 8: NODE = ["A市", "B町", "C市", "D市", "E町"]
 9:
10: for y in range(5):
11:     for x in range(y, 5):
12:         edge = data[y][x]
13:         if edge > 0:
14:             print(NODE[y], "と", NODE[x], "の距離は", edge, "kmです")
```

実行結果は次の通りです。

```
A市 と B町 の距離は 20 kmです
A市 と C市 の距離は 13 kmです
B町 と C市 の距離は 26 kmです
B町 と D市 の距離は 17 kmです
C市 と D市 の距離は 32 kmです
C市 と E町 の距離は 36 kmです
D市 と E町 の距離は 15 kmです
```

実行結果を前の節の図（122ページ）と照らし合わせて確認しましょう。

このプログラムの二次元配列のデータは、data[y][x] が 0 より大きければ2つのノードがつながっています。12～14行目でそれを判定して、重み（距離）を出力します。

グラフを二次元配列で定義し、for の二重ループでデータを扱う処理は有向グラフのプログラム graph_way.py と変わりません。ただし、こちらのプログラムでは重みを持つ無向グラフのデータを扱うので、エッジの向きは考えず、ノード間の重みを出力しています。

CHAPTER 05

アルゴリズムの基礎

>>> **本章の概要**

この章ではアルゴリズムの基礎を学びます。アルゴリズムを開発する際、扱うデータの種類や形式を最初に決めます。そのことについても説明します。

FizzBuzzをプログラミングする

プログラミングを学ぶ際に出題される、FizzBuzz（フィズバズ）という問題があります。この節では、FizzBuzzのプログラムを記述して、初歩的なアルゴリズムの実装方法を学びます。

◆ FizzBuzz（フィズバズ）とは

FizzBuzzは、英語圏の言葉遊びに由来する、プログラミング学習における有名な問題の1つです。次のようなプログラムを組む課題になります。

- **1** 1から指定された数（たとえば100）までの整数を順に表示する。
- **2** その数が3の倍数なら、3の代わりに「Fizz」と表示する。
- **3** その数が5の倍数なら、5の代わりに「Buzz」と表示する。
- **4** 3と5の両方の倍数なら「FizzBuzz」と表示する。

FizzBuzzは繰り返しと条件分岐の確認に適しています。また、この課題を解くために、どのようなプログラムを組むべきかを考えることは、アルゴリズムを考案する初歩的な練習になります。

◆ FizzBuzzをプログラミングする

FizzBuzzをプログラミングするには、いくつかの方法があります。最も基本的なプログラムを確認します。1から100までの数を表示し、3の倍数でFizz、5の倍数でBuzz、3と5の倍数でFizzBuzzと表示します。

SAMPLE CODE 「Chapter5」→「fizz_buzz_1.py」

```
1: for i in range(1, 101):
2:     if i % 3 == 0 and i % 5 == 0:
3:         print("FizzBuzz", end=",")
4:     elif i % 3 == 0:
5:         print("Fizz", end=",")
6:     elif i % 5 == 0:
7:         print("Buzz", end=",")
8:     else:
9:         print(i, end=",")
```

実行結果は次の通りです。

```
1,2,Fizz,4,Buzz,Fizz,7,8,Fizz,Buzz,11,Fizz,13,14,FizzBuzz,16,17,Fizz,19
,Buzz,Fizz,22,23,Fizz,Buzz,26,Fizz,28,29,FizzBuzz,31,32,Fizz,34,Buzz,Fi
zz,37,38,Fizz,Buzz,41,Fizz,43,44,FizzBuzz,46,47,Fizz,49,Buzz,Fizz,52,53,Fiz
z,Buzz,56,Fizz,58,59,FizzBuzz,61,62,Fizz,64,Buzz,Fizz,67,68,Fizz,Buzz,71,Fi
zz,73,74,FizzBuzz,76,77,Fizz,79,Buzz,Fizz,82,83,Fizz,Buzz,86,Fizz,88,89,Fiz
zBuzz,91,92,Fizz,94,Buzz,Fizz,97,98,Fizz,Buzz,
```

　Pythonの `print()` で出力した文字列や数は、その最後で改行されますが、`end=` という引数で、これを変更できます。このプログラムでは `end=","` としてコンマ区切りでデータを出力します。

　1行目の `for` の範囲を `range(1, 101)` として、変数 i を 1 から 100 まで1ずつ増やします。　`range(初期値, 終値)` で、初期値から終値の1つ手前の数まで繰り返されます。終値は入らないことに注意しましょう。

　2行目の `if i % 3 == 0 and i % 5 == 0` で、i の値が 3 で割り切れ、かつ、5 で割り切れるかを調べます。　`%` は割ったときの余りを求める演算子です。3 でも 5 でも割り切れるならFizzBuzzと出力します。この条件式を `i % 15 == 0` とすることもできます。

　4行目の `elif i % 3 == 0` で 3 の倍数かを調べ、そのときはFizzと表示します。また、6行目の `elif i % 5 == 0` で 5 の倍数かを調べ、そのときはBuzzと表示します。

　以上の条件に当てはまらない場合、`else` のブロックで数を出力します。

● FizzBuzzの別のプログラムを確認する

　プログラムの課題を解くとき、答えとなるプログラムは1つだけではありません。課題の内容にもよりますが、通常、プログラマーが違えばプログラムの記述内容に差が出ます。FizzBuzzも異なる処理で作ることができます。もう1つのFizzBuzzのプログラムを確認します。

SAMPLE CODE 「Chapter5」→「fizz_buzz_2.py」

```
1: for i in range(1, 101):
2:     s = ""
3:     if i % 3 == 0:
4:         s = "Fizz"
5:     if i % 5 == 0:
```

```
6:        s = s + "Buzz"
7:    if s == "":
8:        s = str(i)
9:    print(s, end=",")
```

　実行結果は前のプログラムと同じなので省略します。

　こちらのプログラムでは、 s という変数を用意します。 s = "" としたので、はじめは s の中身は空です。

　 i が3の倍数なら s に Fizz という文字列を代入します。5の倍数なら Buzz という文字列を s に連結します。これにより、 i が3の倍数、かつ、5の倍数なら、 s の中身は FizzBuzz になります。Pythonの文字列は + 演算子でつなぐことができます。

　7〜8行目のif文で s が空の状態、すなわち3の倍数でも5の倍数でもなければ、 i の値を str() で文字列に変換して s に代入します。 str() は数を文字列に変換する命令です。

　Pythonは、ある型で定義した変数に、後から別の型を代入できるので、8行目を s = i と記述できます。一方、C言語やJavaなどのプログラミング言語では、一度、定義した変数に別の型を代入することはできません。

　9行目で s の中身を出力します。以上の処理を、前のプログラムと同様に for 文で1から100まで繰り返しています。

素数を求める

この節では、素数を求めるプログラムを記述して、初歩的なアルゴリズムの実装方法を学びます。

素数とは

素数は、1より大きな自然数で、1とその数以外に約数を持たない数です。具体的には2、3、5、7、11、13、17、19、23……という数が素数です。2は唯一の偶数の素数になります。

どのようなアルゴリズムで素数と判断するか

ある数が素数かを判断する方法を説明します。

1とその数以外に約数を持たないものが素数なので、nという数が素数かを調べるには、nを$2, 3, \ldots, n-2, n-1$で割ってみます。そして、どの数でも割り切れなければ素数と判断できます。

たとえば5を2、3、4で割ると、どの数でも割り切れないので、5は素数であるとわかります。**割り切れない場合、割ったときに余りが出ます。**

また、6を2、3、4、5で割ったとき、2や3で割り切れるので、6は素数でないとわかります。**割り切れる場合、割ったときに余りが出ません。**

この方法で素数かを調べる際に考慮すべきことがあります。たとえば10が素数かを調べるとき、10の半分の5より大きな数（6、7、8、9）で割り切れないことは明らかです。そのためnが素数かを調べるには、2から$\frac{n}{2}$までの整数で割り、余りが出るかを調べればよいことになります。

数学的には、整数nが素数かを判定するには、$\sqrt{n}$ 以下のすべての素数で割り、どの数でも割り切れなければ素数と判断できることが知られています。ただし、本書はわかりやすいプログラムを掲載する方針なので、nを2から$\frac{n}{2}$の整数で割って素数かを調べることにします。

プログラムでは `%` 演算子を使って、割ったときに余りが出るかを知ることができます。

🔹 100までの整数が素数かを調べるプログラム

2から100までの整数が素数かを調べ、素数ならそれを出力するプログラムを確認します。

SAMPLE CODE 「Chapter5」→「prime_numbers.py」

```
1: for i in range(2, 101):
2:     h = int(i / 2)
3:     is_prime = True
4:     for j in range(2, h + 1):
5:         if i % j == 0:
6:             is_prime = False
7:             break
8:     if is_prime:
9:         print(i, end=",")
```

実行結果は次の通りです。

```
2,3,5,7,11,13,17,19,23,29,31,37,41,43,47,53,59,61,67,71,73,79,83,89,97,
```

変数 i による for 文の中に、変数 j による for 文が入る二重ループで処理を行います。

1行目の変数 i を用いた for 文で i の値を 2 から 100 まで1ずつ増やします。

2行目の h に、調べる数の半分の整数を代入します。 int() は引数を整数に変換する命令です。Pythonには割り算の結果を整数で求める // という演算子があるので、2行目を h = i // 2 とすることもできます。

3行目で i が素数かを判断するフラグとして用いる is_prime という変数に True を代入します。**フラグ**とは、はじめにある値を代入し、何らかの条件を満たしたら別の値を入れ、その値に応じて処理を分ける使い方をする変数です。

5行目の if 文の i % j == 0 で、i を j で割った余りが0かを調べます。たとえば 7 % 3 は 1 になり、7は3で割り切れないことがわかります。 8 % 2 は 0 で、8は2で割り切れることがわかります。

i が j で割り切れるなら(その場合、i は素数でない)、6行目で is_prime に False を代入し、7行目の break で内側の繰り返しを中断します。

　is_prime が True のままなら、i はすべての j の値で割り切れなかった
ので素数です。8～9行目の if 文でそれを判定し、素数なら、その数を出力
します。 if is_prime は、if is_prime == True と同じ意味になります。

🦪 forの多重ループについて

　このプログラムでforの二重ループを用いました。 for の多重ループはさま
ざまなアルゴリズムで使用されます。本書の学習でも、この先、多重ループに
よる処理を記述したプログラムが何度も出てきます。 for 文に別の for 文が
入る構造を、このプログラムで、よく確認しておきましょう。

　なお、本書で学ぶアルゴリズムの中には、while と for を組み合わせた多
重ループを使用したプログラムもあります。

🦪 素数を効率よく求めるアルゴリズムがある

　for の二重ループを使って、整数 i が 2 から i / 2 の、どの数でも割り
切れないなら素数と判断する処理を記述しました。これはプログラムで素数
を見つる基本的な手法ですが、実は効率がよいとはいえません。整数の中か
ら効率よく素数を選び出す「エラトステネスの篩」と呼ばれるアルゴリズムが
あります。CHAPTER 12でそのアルゴリズムを学びます。

01

02

03

04

05
アルゴリズムの基礎

06

07

08

09

10

11

12

あみだくじをデータ化する

この節では、「あみだくじ」をデータ化する方法を説明します。次の節で、あみだくじを自動的に作るプログラムを記述します。この学習を通じて、データとアルゴリズムの関係について学びます。

あみだくじとは

あみだくじは、縦に複数の線を引き、それらの縦線を横線で結び、縦線の先に「あたり」「はずれ」などを書いたくじです。

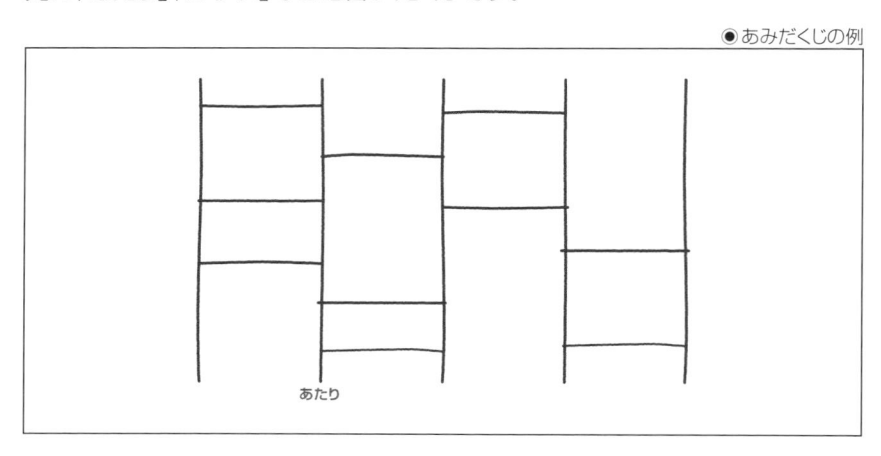

●あみだくじの例

このくじを手書きで作り、遊ばれた経験をお持ちの方もいらっしゃるでしょう。

データ構造とアルゴリズムがセットになる

アルゴリズムをプログラムで実現するには、どのような計算を行うべきかを考えます。計算に必要なものはデータであり、アルゴリズムの設計時に、扱うデータの形式や分量などを同時に考えることがあります。この節と次の節で、そのような状況を想定した学習を行います。

次の節で、あみだくじを自動的に作るプログラムを制作しますが、それを実現するには、このくじを何らかの形式でデータ化（数値化）する必要があります。

先へ進む前に、皆さん自身で、あみだくじをデータ化する方法を考えてみましょう。初学者の方には難しい課題になると思いますので、次のヒントを参考にしてください。

🔹 データ化にはいろいろな方法が考えられる

どのようにデータ化するかは、いろいろな方法が考えられます。たとえば、すべての縦線と横線の座標と長さを定義する方法があります。しかし、あみだくじを自動で作るアルゴリズムを開発する場合、そのような座標ベースのデータでは処理が複雑になります。

本書はデータ構造とアルゴリズムの入門書ですので、どなたにもご理解いただけるように、くじの構造を単純なデータとして扱います。そこで、あみだくじの座標情報ではなく、**行列を使用してデータ化する**ことを考えてみます。

🔹 あみだくじを行列で定義する

くじの横線がある部分と、ない部分に着目します。次の図のようにマス目を並べると、横線がある部分と、ない部分を区別できます。

● あみだくじをマスで区切る

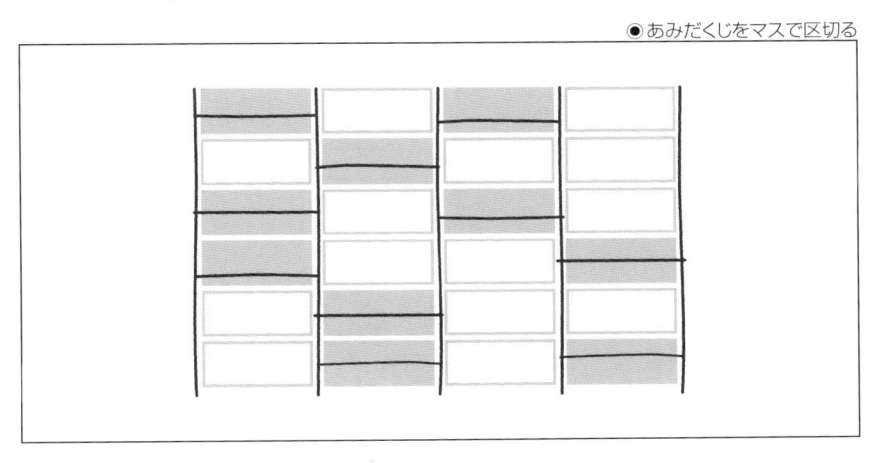

マスで区切ることで、このくじを6行4列の行列にできます。具体的には、次の図のように横線があるマスを `1` 、ないマスを `0` とします。

●0と1を配置する

🔷 二次元配列でデータ化する

行列は二次元配列で記述できます。このあみだくじの横線の有無を、次のような二次元配列でデータ化できます。

```
amida = [
    [1, 0, 1, 0],
    [0, 1, 0, 0],
    [1, 0, 1, 0],
    [1, 0, 0, 1],
    [0, 1, 0, 0],
    [0, 1, 0, 1]
]
```

横線の有無に着目し、マスで区切ることで、二次元配列であみだくじを定義できることがわかりました。マスで区切る際、横方向に並ぶマスの数は **縦線の本数** − 1 になります。一方、縦方向に並ぶマスの数は、横線の本数や間隔に応じて、適宜、調整します。

あみだくじを自動生成する

　この節では、あみだくじを自動生成するプログラムを制作し、アルゴリズムを実装する方法を学びます。

🔹 あみだくじを出力する

　まず、あみだくじの形を出力するプログラムを作ります。前の節で定義した二次元配列のデータ（136ページ）を使用します。縦線を半角のバーティカルライン（ | ）、横線を半角のマイナス2つ（ -- ）で表現します。

SAMPLE CODE 「Chapter5」→「amidakuji_1.py」

```
 1: amida = [
 2:     [1, 0, 1, 0],
 3:     [0, 1, 0, 0],
 4:     [1, 0, 1, 0],
 5:     [1, 0, 0, 1],
 6:     [0, 1, 0, 0],
 7:     [0, 1, 0, 1]
 8: ]
 9:
10: for y in range(6):
11:     for x in range(4):
12:         if amida[y][x] == 0: # 横線がない
13:             print("|  ", end="")
14:         else: # 横線がある
15:             print("|--", end="")
16:     print("|")
```

　13行目の "| " は、半角の縦線と半角スペース2つです。

　実行結果は次の通りです。

```
|--|  |--|  |
|  |--|  |  |
|--|  |--|  |
|--|  |  |--|
|  |--|  |  |
|  |--|  |--|
```

1～8行目の二次元配列で横線の有無を定義しています。

10～16行目の変数 y と x による for の二重ループで、くじの形を出力します。 y が行、 x が列の値です。 amida[y][x] が 0 なら "|　　" を出力し、1 なら "|--" を出力します。

16行目の print("|") で一番右側の縦線を出力しています。

● あみだくじを自動で作るアルゴリズム

次に、くじを自動的に作るように改良しますが、これにはいろいろなアルゴリズムが考えられます。ここでは簡単な手法として、ランダムに横線を配置します。

前のプログラムに、乱数を使って amida[][] にランダムに 0 か 1 を代入する処理を追加したプログラムを確認します。 amida[][] を初期化する際、すべての要素を 0 にします（3～8行目）。追加した処理を太字で示します。

SAMPLE CODE 「Chapter5」→「amidakuji_2.py」

```
 1: import random
 2: amida = [
 3:     [0, 0, 0, 0],
 4:     [0, 0, 0, 0],
 5:     [0, 0, 0, 0],
 6:     [0, 0, 0, 0],
 7:     [0, 0, 0, 0],
 8:     [0, 0, 0, 0]
 9: ]
10:
11: for y in range(6):
12:     x = random.randint(0, 3)
13:     amida[y][x] = 1
14:
15: for y in range(6):
16:     for x in range(4):
17:         if amida[y][x] == 0: # 横線がない
18:             print("|   ", end="")
19:         else: # 横線がある
20:             print("|--", end="")
21:     print("|")
```

実行結果は次のようになります（実行するたびに、違うあみだくじになります）。

```
|--|  |  |  |
|  |--|  |  |
|  |  |--|  |
|  |  |--|  |
|--|  |  |  |
|  |  |  |--|
```

　乱数を使用するので、1行目のように `random` モジュールをインポートします。

　3～8行目の `amida[][]` の要素をすべて `0` にしています。

　11～13行目の `for` 文で `y` を `0` から `5` まで1ずつ増やします。`y` は `amida[行][列]` の行です。12行目の `x = random.randint(0, 3)` で列をランダムに決め、`amida[y][x]` に `1` を代入して横線を配置します。

　15行目以降のくじの形を出力する処理は、前のプログラムの通りです。

🎲 横線が1本もない縦線ができる

　このプログラムは、次のように横線につながらない縦線ができることがあります。

```
|  |--|  |  |
|  |--|  |  |
|  |--|  |  |
|  |  |--|  |
|  |  |--|  |
|  |--|  |  |
```

　あみだくじは、最下段に書いた当たりや外れの結果を隠したり、横線を隠した状態で、くじを引き、線をたどって当たりかを調べる遊びなので、このような縦線があっても構いません。ただし、アルゴリズムの学習として、どの縦線にも必ず1本は横線を引く方法を考えてみましょう。

すべての縦線と横線をつなぐ

これを実現する方法も色々ありますが、簡単な方法を説明します。

- くじの上部で、すべての偶数番の縦線から、右に向かう横線を引く
- くじの下部で、すべての奇数番の縦線から、右に向かう横線を引く

● すべての縦線に最低1本の横線を引く

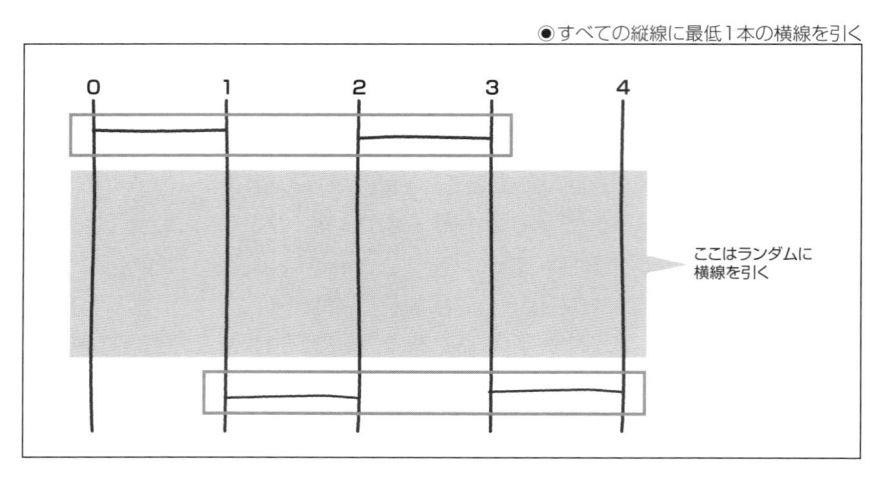

ここはランダムに横線を引く

改良したプログラムを確認する

すべての縦線が横線で結ばれた、あみだくじを作るプログラムを確認します。太字部分が前のプログラムからの変更箇所です。

SAMPLE CODE 「Chapter5」→「amidakuji_3.py」

```
 1: import random
 2: amida = [
 3:     [1, 0, 1, 0],
 4:     [0, 0, 0, 0],
 5:     [0, 0, 0, 0],
 6:     [0, 0, 0, 0],
 7:     [0, 0, 0, 0],
 8:     [0, 1, 0, 1]
 9: ]
10:
11: for y in range(1, 5):
12:     x = random.randint(0, 3)
13:     amida[y][x] = 1
14:
15: for y in range(6):
16:     for x in range(4):
```

アルゴリズムの基礎

```
17:         if amida[y][x] == 0: # 横線がない
18:             print("|  ", end="")
19:         else: # 横線がある
20:             print("|--", end="")
21:     print("|")
```

　実行結果は次のようになります（実行するたびに、違うあみだくじになります）。

```
|--|  |--|  |
|  |  |  |--|
|--|  |  |  |
|  |  |  |--|
|  |  |--|  |
|  |--|  |--|
```

　変更したのは、amida[][] の初期値と、11行目の for 文の範囲だけです。
　データの初期値と、繰り返しの範囲を変えるだけで、特別な処理を組み込まずに改良することができました。

お釣りの硬貨を
最も少ない枚数にする

この節では、お釣りの硬貨を最も少ない枚数で数えるアルゴリズムを取り上げます。

🍱 コンビニやスーパーで買い物したとき

コンビニエンスストアやスーパーマーケットで商品を買ってレジで支払うとき、現金で決済し、678円のお釣りを受け取ったとしましょう。レジで、500円、100円、50円、10円、5円、1円のいずれの硬貨も不足していないなら、みなさんは次の枚数の硬貨を受け取ることでしょう。

●お釣り（678円）の硬貨の枚数

硬貨の種類	枚数
500円	1
100円	1
50円	1
10円	2
5円	1
1円	3

店員は通常、最も少ない枚数で釣銭を返します。近年、多くの自動レジが導入されましたが、その機器からも最低限の枚数の釣銭が出ます。このように、ある金額を最低限の枚数の硬貨で数えるプログラムを制作します。

この問題を解くアルゴリズムもいろいろな手法が考えられます。この節では、2つのプログラムを掲載します。先へ進む前に、皆さん自身で、どのようなプログラムを記述すればよいかを考えてみましょう。

🍱 最も少ない枚数を数えるアルゴリズム～その1

まず、基本的なアルゴリズムを実装したプログラムを確認します。次のプログラムを実行すると金額の入力待ちになります。金額を入力して「Enter」キーを押すと、その金額に対する、最も少ない硬貨の枚数を出力します。このプログラムは整数以外を入力したときのエラー対策を行っていません。2つ目のプログラムでエラー対策について説明します。

SAMPLE CODE 「Chapter5」→「change_1.py」

```python
 1: COIN = [500, 100, 50, 10, 5, 1]
 2:
 3: # 金額を入力する
 4: inp = input("金額を入力してください")
 5: otsuri = int(inp)
 6:
 7: # 硬貨の枚数を計算して出力
 8: for i in range(6):
 9:     n = 0
10:     while otsuri >= COIN[i]:
11:         n = n + 1
12:         otsuri = otsuri - COIN[i]
13:     if n > 0:
14:         print(COIN[i], "円硬貨が", n, "枚")
```

実行結果は次のようになります。

```
金額を入力してください678
500 円硬貨が 1 枚
100 円硬貨が 1 枚
50 円硬貨が 1 枚
10 円硬貨が 2 枚
5 円硬貨が 1 枚
1 円硬貨が 3 枚
```

1行目の COIN = [500, 100, 50, 10, 5, 1] で6種類の硬貨の金額を定めています。

4〜5行目で金額の入力を受け付けます。 input() で入力したものは文字列になるので、int() で整数に変換して otsuri という変数に代入しています。

8〜14行目が硬貨の枚数を数える処理です。 for の繰り返しの中に while の繰り返しが入っています。外側の for 文で金額の大きな硬貨（500円）から順に計算します。

9行目の n という変数で枚数を数えます。枚数を数える処理が内側の while 文です。 otsuri が COIN[i]（硬貨の額）以上なら、n を1増やし、otsuri から COIN[i] を引きます。

`while` の条件式を `otsuri >= COIN[i]` としています。

この条件により、`otsuri` が `COIN[i]` の額より小さくなったときに `while` の処理が終わります。 `otsuri` がはじめから硬貨より小さな金額なら `while` の処理は行われません。

13〜14行目で `n` が `0` より大きいければ、その硬貨の枚数を出力します。

● 最も少ない枚数を数えるアルゴリズム〜その2

別のアルゴリズムを実装したプログラムを確認します。こちらは整数以外を入力したときのエラー対策を組み込んでいます。硬貨の枚数を求める計算に `//` と `%` の2つの演算子を使用します。

SAMPLE CODE 「Chapter5」→「change_2.py」

```
 1: COIN = [500, 100, 50, 10, 5, 1]
 2:
 3: # 金額を入力する（エラー対策あり）
 4: while True:
 5:     try: # 数字以外を入力したときのエラー対策（例外処理）
 6:         inp = input("金額を入力してください")
 7:         otsuri = int(inp)
 8:         break
 9:     except:
10:         print("整数で入力しましょう")
11:
12: # 硬貨の枚数を計算して出力
13: for co in COIN:
14:     n = otsuri // co # 硬貨の枚数を計算
15:     otsuri = otsuri % co # 残りの金額を更新
16:     if n > 0:
17:         print(co, "円硬貨が", n, "枚")
```

実行結果は次のようになります（前のプログラムと変わりません）。

```
金額を入力してください678
500 円硬貨が 1 枚
100 円硬貨が 1 枚
50 円硬貨が 1 枚
10 円硬貨が 2 枚
5 円硬貨が 1 枚
1 円硬貨が 3 枚
```

🔷 例外処理を確認する

エラーなどでプログラムが正常に動作しなくなる事態に対応する処理を**例外処理**といいます。

4～10行目の `while` と `try except` を用いた処理で金額入力時のエラー対策を行っています。整数以外を入力すると、tryのブロックにある `int()` で変換できずにエラーになります。その場合、`except` のブロックに処理が移り、「整数で入力しましょう」と出力します。その後、`while` の先頭に戻り、再び金額の入力待ちになります。

`int()` で整数に変換できたときは、その値を `otsuri` に代入し、`break` で `while` を抜け、次の処理に進みます。

🔷 硬貨の枚数を数える計算について

13～17行目で硬貨の枚数を計算しています。

13行目の `for co in COIN` で、`COIN[]` の要素を1つずつ `co` に代入して繰り返します。具体的には、はじめに `co` は `500` になり、14～17行目の処理が行われます。次に `co` は `100` になり、同様に処理が行われます。以後も `co` に `50`、`10`、`5`、`1` が順に代入され、処理されます。

硬貨の枚数を求める計算に `//` と `%` を使用しています。AとBを整数としたとき、`A // B` で、AをBで割った値が整数で求まります。`A % B` で、AをBで割ったときの余りが整数で求まります。

たとえば `otsuri` が1200円のとき、500円硬貨の枚数を `1200 // 500` で求めることができます。`1200 // 500` は `2` になり、`n = otsuri // co` で、その枚数が `n` に代入されます。

`1200 % 500` は `200` になります。`otsuri = otsuri % co` で、1200円から500円硬貨2枚分を引いた200円という金額が `otsuri` に代入されます。

📦 計算量の違いについて

前の change_1.py は、for 文に while 文が入る繰り返しで硬貨の枚数を数えました。一方、change_2.py は、for 文だけの処理になります。そのため、change_1.py より change_2.py のほうが、計算回数が少なくて済みます。

プログラムで行う計算回数を**計算量**といいます。計算量が少なければ、一般的に処理に掛かる時間は短く、計算量が多くなると、それに伴って処理時間が長くなります。同じアルゴリズムを開発する場合、通常、計算量が少ないアルゴリズムの方が効率的で優秀とされます（この後のコラムで補足します）。

本書ではCHAPTER 07でソートのアルゴリズムを学び、CHAPTER 08で計算量について学びます。ソートのアルゴリズムは種類によって計算量が違います。CHAPTER 08でそれを取り上げます。

🌐 COLUMN
計算量が少なければ優秀なアルゴリズムか？

アルゴリズムの優劣を考えるとき、**計算量**（処理に掛かる計算回数）が少ないほど優秀だといえるのは事実です。しかし、実際のソフトウェア開発では、計算量だけが判断基準ではありません。計算量がやや多くても、実装が簡単でメンテナンスがしやすいアルゴリズムが選ばれることもあります。

筆者自身、商用ソフトウェアの開発に長年、携わってきましたが、その中で、プログラムの可読性や保守性の重要性を何度も実感しました。処理速度が要求を満たしていれば、修正や拡張がしやすいプログラムが結果的に優秀なことがあります。

もちろん、ソフトウェアの性能が処理速度に左右される場合は、計算量が少ないアルゴリズムが優秀であり、それを選ぶべきです。

また、開発する分野によっては、メモリの使用量（**空間計算量**と呼ばれます）が重要な評価基準になることがあります。特にメモリが限られた機器や機械を制御するプログラムで、メモリの使用量を軽視できないことがあります。

このようにソフトウェアを開発する際に組む込むアルゴリズムの優劣は、計算量以外にも考慮すべき要素が存在します。ただし、本書では混乱を避けるため、基本的に**計算量が少ないアルゴリズムを優秀**とみなすことにします。

CHAPTER
06
サーチ(探索)

> **》》》 本章の概要**
>
> 　複数のデータの中から目的の値を探すことをサーチや探索と
> いいます。サーチは基本的、かつ、重要なアルゴリズムです。こ
> の章では、線形探索と二分探索という探索アルゴリズムの基礎を
> 学びます。また、文字列を探索するアルゴリズムとして有名な力
> 任せ法とボイヤー・ムーア法を学びます。

線形探索

　線形探索はデータを1つずつ調べ、目的の値があるかを判断するアルゴリズムです。この節では、その手法を学びます。

💠 線形探索の手法

　線形探索はデータの先頭から1つずつ順に照合し、目的の値があるかを調べます。この手法をイメージで表します。

● 線形探索のイメージ

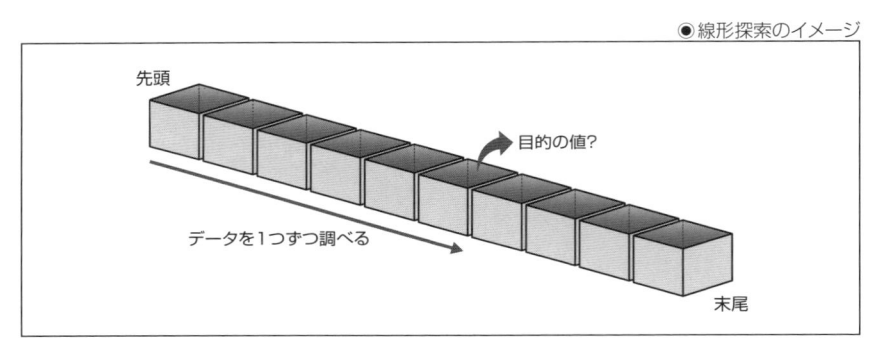

　探索（サーチ）アルゴリズムには、次の2つの選択肢があります。

- 目的の値を見つけた時点で探索を終了する
- データを最後まで調べ、該当するすべての値をピックアップする

　本書掲載のプログラムは、目的の値を見つけた時点で探索を打ち切ります。

💠 線形探索を行うプログラム

　探索する値を一般的に**キー**といいます。線形探索でキーを探すプログラムを確認します。 `data[]` に定義したデータ（ばらばらに並んだ数列）から7というキーを探します。

SAMPLE CODE 「Chapter6」→「linear_search.py」

```
1: data = [28, -7, 8, 77, 5, 37, 0, 67, 7, 10]
2: n = len(data)
3: key = 7
4: found = False
5: for i in range(n):
```

▼

```
 6:     if data[i] == key:
 7:         found = True
 8:         break
 9: if found:
10:     print(i, "番目の要素に", key, "が見つかりました")
11: else:
12:     print(key, "は存在しません")
```

実行結果は次の通りです。

8 番目の要素に 7 が見つかりました

配列の添え字は 0 から始まるので、この実行結果は、先頭を0番と数えています。

1行目の `data[]` という配列でデータを定義します。

2行目の `n = len(data)` で `data[]` の要素数、すなわち、データの数を変数 `n` に代入します。この `n` を5行の `for` 文の `range()` の引数としています。

3行目で目的の値を変数 `key` に代入します。

4行目でフラグ用の `found` という変数に `False` を代入します。**フラグ**には一般的に `0` や `1`、あるいは `False` や `True` を代入しておき、何らかの条件を満たしたら別の値を代入し、その値に応じて処理を分けます。

5〜8行目の `for` 文と `if` 文でデータ内にキーがあるかを調べます。キーが見つかれば `found` に `True` を代入し、`break` で繰り返しを中断します。

9〜12行目の `if else` で、キーが見つかったときは(その場合 `found` が `True` になっている)何番目の要素にあるかを出力し、見つからなかったときは、それが存在しないことを出力します。

3行目の `key` を `data[]` にある他の値に変えたり、`data[]` にない値にして実行し、動作を確認しましょう。

🔷 番兵法について

このプログラムで探索を終えるのは、①キーが見つかった、②調べる位置が配列の末尾に達した、いずれかのときです。

データの末尾にキーを追加すると、①の条件だけで探索できます。末尾に追加するキーを**番兵**（ばんぺい）といい、番兵を用いて探索する手法を**番兵法**（ばんぺいほう）といいます。

◈ 番兵法による線形探索のプログラム

番兵法による線形探索のプログラムを確認します。

SAMPLE CODE 「Chapter6」→「linear_search_watchman.py」

```python
 1: data = [28, -7, 8, 77, 5, 37, 0, 67, 7, 10]
 2: key = 10
 3: data.append(key) # 番兵を追加
 4: n = len(data) - 1 # 番兵を除いたデータの数
 5:
 6: i = 0
 7: while data[i] != key:
 8:     i = i + 1
 9:
10: if i < n:
11:     print(i, "番目の要素に", key, "が見つかりました")
12: else:
13:     print(key, "は存在しません")
```

実行結果は次の通りです。

```
9 番目の要素に 10 が見つかりました
```

3行目の `append()` で `data[]` の末尾にキーを追加します。これが番兵になります。番兵の追加によりデータの数が1つ増えます。

4行目で番兵を除いたデータの数を変数 `n` に代入します。

6行目で変数 `i` を初期値 `0` で定義し、7〜8行目の `while` 文で `data[i]` と `key` が一致しない間、`i` を1ずつ増やします。`data[i]` と `key` が一致すると `while` の繰り返しを中断します。

番兵法ではデータ末尾の手前でキーが見つかれば、そこにキーがありますが、見つかった位置が末尾ならキーは存在しません。その判定と結果の出力を10〜13行目で行います。

二分探索

　二分探索は、昇順または降順に並んだデータを中央で2つに分け、キー（目的の値）がどちらの半分に含まれるかを絞り込んで探すアルゴリズムです。この節では、その手法を学びます。

🔷 昇順または降順に並んだデータを使用する

　二分探索は線形探索より少ない計算回数（計算量）でキーを探すことができます。ただし、データが小さなものから大きなものの順、あるいは、大きなものから小さなものの順に並んでいる必要があります。

　1、2、3、4、5……のように小→大の順に並ぶことを**昇順**といいます。逆に、9、8、7、6、5……のように大→小の順に並ぶことを**降順**といいます。

●昇順、降順

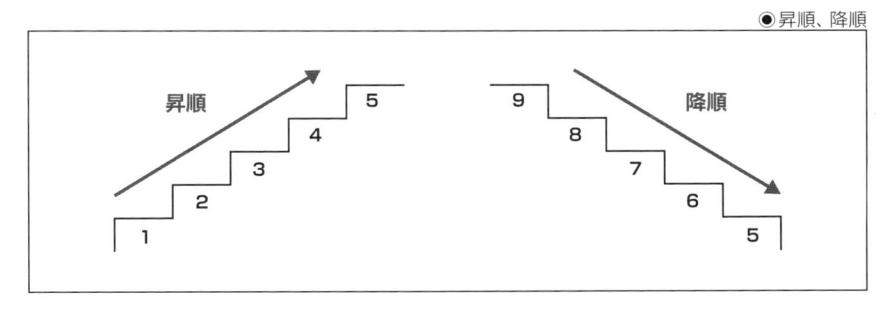

　データが1ずつ増減する数列でなく、たとえば1、100、201、500、999のように飛び飛びの値であっても、すべてが小→大の順に並べば昇順、大→小の順に並べば降順です。

🔷 二分探索の手法

　二分探索は、探索するデータを半分に分け、そのどちらにキーがあるかを判断し、探索範囲を絞り込みながら目的の値を探します。

　`0, 6, 15, 27, 36, 50, 64, 70, 77, 85, 90` というデータから二分探索で70を探す方法を説明します。このデータは昇順に並んでいます。

　キーの `70` がデータ中央にある `50` の左右どちら側かを判断します。

```
[0, 6, 15, 27, 36, 50, 64, 70, 77, 85, 90]
```

70 は 50 より大きいので左側にはなく、存在するなら右側にあります。
※存在しない範囲を灰色の文字とします。

```
[0, 6, 15, 27, 36, 50, 64, 70, 77, 85, 90]
```

次に、右側の中央の 77 の左右どちら側にあるかを判断します。

```
[0, 6, 15, 27, 36, 50, 64, 70, 77, 85, 90]
```

70 は 77 より小さいので、存在するなら左側の範囲にあります。

```
[0, 6, 15, 23, 36, 50, 64, 70, 77, 85, 90]
```

このように調べる範囲を絞り込んでいきます。この例では、残りの 64 と 70 のどちらにあるかを調べるとキーが見つかります。

二分探索のプログラム

二分探索を実装したプログラムを確認します。説明に用いた11個のデータの中からキーを探します。

実行すると input() による入力待ちになるので、探す値を入力して「Enter」キーを押します。キーはデータにあるもの、ないもの、どちらでもかまいません。

SAMPLE CODE 「Chapter6」→「binary_search.py」

```
 1: data = [0, 6, 15, 27, 36, 50, 64, 70, 77, 85, 90]
 2: key = int(input("キーを入力してください "))
 3: left = 0
 4: right = len(data) - 1
 5: found = False
 6:
 7: while left <= right:
 8:     mid = (left + right) // 2
 9:     if data[mid] == key:
10:         found = True
11:         break
12:     if data[mid] < key:
13:         left = mid + 1
14:     else:
15:         right = mid - 1
16:
17: if found:
```

```
18:     print(mid, "番目の要素が", key, "になります")
19: else:
20:     print(key, "は存在しません")
```

実行結果は次のようになります（キーを70とした場合）。

```
キーを入力してください 70
7 番目の要素が 70 になります
```

キーを100とした場合の実行結果は次のようになります。

```
キーを入力してください 100
100 は存在しません
```

1行目の `data[]` でデータを定義します。

2行目の `input()` でキーを入力します。 `input()` で入力したものは文字列なので、 `int()` で整数に変換して `key` に代入します。数値以外を入力するとエラーになるので、気になる方は `try except` による例外処理で対応しましょう。例外処理は115ページと145ページで解説しています。

3行目の変数 `left` と4行目の `right` を使って、探索範囲を狭めながら、キーがある位置を探します。

🎲 2つの変数で範囲を絞り込む

はじめに `left` に `0` 、 `right` に **要素数 - 1** を代入します。 `left` はデータ左端（配列の先頭）、 `right` はデータ右端（配列の末尾）になります。なお、このプログラムでは、 `len(data)` は `11` なので、 `right` の値は `10` です。

●left、mid、rightの位置関係

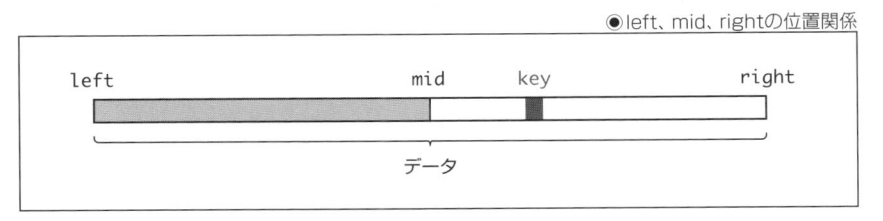

7〜15行目の `while` 文と `if` 文で二分探索を行います。 `while` の条件式を `left<=right` として、 `left` の値が `right` 以下の間、処理を続けます。

キーが存在する範囲を、次のようにして絞り込んでいきます。

1 18行目で「left」と「right」の中央の整数を「mid」に代入する。

2 9～11行目で「data[mid]」が「key」ならキーが見つかったので、フラグを立てて「while」を中断する。

3 キーが見つからない間は、12～15行目で「left」あるいは「right」の値を変更して探索範囲を絞り込む。

　フラグを立てるとは、条件が成立したときにフラグ変数の値を変えて、条件が成立したとわかるようにすることです。このプログラムでは5行目で変数 found に False を代入しておき、キーが見つかった時点で True を代入します。

🎁 leftとrightの値の変化について

　left と right を、どのように変化させるかを説明します。

　12～13行目の if 文で、data[mid] が key より小さければ、キーは mid の右隣から right の間に存在するので、left に mid + 1 を代入します。

　14～15行目の else で、data[mid] が key 以上なら、キーは left から mid - 1 の間に存在するので、right に mid - 1 を代入します。

　left を変更するときは mid + 1 を代入し、right を変更するときは mid - 1 を代入します。それぞれ mid の1つ隣とするのは、9行目の if data[mid] == key で data[mid] がキーかを判断しているので、mid の位置にキーは存在しないからです。

　このように left と right を変えていくと、キーが存在しないときに left が right より大きくなります。その時点で while の条件式が成り立たなくなり、while の繰り返しが終わります。

　17～20行目でキーが見つかったかを判断するフラグが True か False かによって検索結果を出力します。17行目の if found は if found == True と同じ意味です。

文字列探索①〜力任せ法

この節では、文字列の中から、あるパターンの文字列を探す、力任せ法というアルゴリズムを学びます。

文字列探索について

テキストエディタや文書作成ソフトに文字列の**検索**機能があります。文字列探索は、その検索機能と基本的に同じものです。ただし、文字列探索のアルゴリズムは、文章から語句を探すだけでなく、さまざまなデータの中から一定のパターンを探すことにも用いられます。

力任せ法による文字列探索

文章をテキスト、探す文字列をパターンと呼んで説明します。

力任せ法はテキストの先頭から末尾に向かって1文字ずつ調べ、パターンと一致するかを照合する手法です。

力任せ法により、「I'm learning Python and algorithms.」というテキストに「Python」というパターンがあるかを調べる方法を説明します。

●力任せ法による文字列探索

```
I'm learning Python and algorithms.
↑
Python  最初の位置でテキストとパターンを照らし合わせる。ここでは一致しない。


I'm learning Python and algorithms.
 ↑
 Python  1文字ずらした位置で照らし合わせる。ここでも一致しない。
         同様に1文字ずつずらして照らし合わせていく。

I'm learning Python and algorithms.
             ↑
             Python  この位置で照らし合わせるとパターンが見つかる。
```

テキストの先頭から1文字ずつ調べ、パターンと一致するかを確認します。この例ではテキストの先頭の「I」はパターンの「P」と一致せず、それ以上調べる必要はないので、照合位置を右に1つ、ずらして調べ直します。

テキストに「P」が見つかっても、「P」の次が「y」でなければパターンでないので、そのときも位置を1つ、ずらして調べ直します。

🟦 力任せ法のプログラム

　力任せ法で文字列を探索するプログラムを確認します。変数 `text` に代入したテキストに、変数 `pattern` に代入したパターンがあるかを調べます。存在するときは何文字目にあるかを出力します。

SAMPLE CODE 「Chapter6」→「string_matching.py」

```python
 1: text = "I'm learning Python and algorithms."
 2: pattern = "Python"
 3: tn = len(text)     # テキストの文字数
 4: pn = len(pattern) # パターンの文字数
 5: position = 0       # 調べるテキストの位置
 6: found = False      # パターンが見つかったか
 7:
 8: while position <= tn - pn:
 9:     match = True # パターンとマッチしたか
10:     for i in range(pn):
11:         if text[position + i] != pattern[i]:
12:             match = False
13:             break
14:     if match:
15:         found = True
16:         break
17:     position = position + 1
18:
19: print("テキスト:", text)
20: print("パターン:", pattern)
21: if found:
22:     print(str(position) + "文字目に見つかりました")
23: else:
24:     print("文字列内に" + pattern + "はありません")
```

　実行結果は次の通りです。

```
テキスト: I'm learning Python and algorithms.
パターン: Python
13文字目に見つかりました
```

　1〜2行目でテキストとパターンを変数に代入し、3〜4行目でそれぞれの文字数を `tn` 、`pn` という変数に代入します。 `len()` の引数に文字列を与えると、その文字数を返します。

　5行目の `position` という変数を使ってテキストの `position` 文字目から調べます。プログラミングでは文字列の最初の文字が0番目の文字なので、`position` の初期値を `0` とします。

　6行目の `found` はパターンが見つかったかのフラグとして用いる変数です。`False` を代入し、パターンが見つかれば `True` を代入します。

🧩 パターンを探す処理を確認する

　8〜17行目で力任せ法による探索を行います。この処理は `while` 文の中に `for` 文が入る構造になっています。

　`while` による繰り返しでテキストの先頭から末尾に向かって照合します。

　10〜13行目の変数 `i` を用いた `for` 文と `if` 文で、テキストの `position + i` 文字目がパターンの `i` 文字目と一致するかを調べます。 `match` という変数に `True` を代入しておき、一致しない時点で `False` を代入し、`break` で `for` を中断します。

　11行目の `if` 文に記述した `text[position+i]` と `pattern[i]` について補足します。Pythonでは文字列を代入した変数の `n` 番目の文字を、このように変数名 `[n]` として照合できます。

　14〜16行目の `if` 文で、`match` が `True` ならパターンが見つかったので、`found` に `True` を代入し、`break` で `while` の繰り返しを中断します。

　パターンが見つからない間、17行目で `position` を1増やし、`position` が `tn - pn` になるまで（ `while` の条件式 `position <= tn - pn` が成り立つ間）照合を続けます。テキストの `tn - pn` 文字目が最後の照合位置です。

　`while` を抜けた後、21〜24行目で `found` の値に応じてテキストの何文字目にパターンが見つかったか、あるいは、パターンはないことを出力します。21行目の `if found` は `if found == True` と同じ意味になります。

　力任せ法は処理を効率化する工夫をせず、文字通り、力任せにデータを調べます。次の節で、効率よく文字列探索を行うアルゴリズムについて説明します。

文字列探索②
～ボイヤー・ムーア法

この節では、力任せ法より効率的に文字列を探索できるボイヤー・ムーア法（Boyer-Moore法）というアルゴリズムを学びます。

💠 ボイヤー・ムーア法の概要

ボイヤー・ムーア法はパターンの末尾から先頭に向かって、テキストの文字がパターンと一致するかを調べます。一致しなければ、次に調べる位置を一定の文字数分ずらすことで、効率よくパターンを探します。

ボイヤー・ムーア法による文字列探索の流れを説明します。

1 スキップ表の準備する

パターンの各文字について、次にどれだけずらすかというデータである**スキップ表**を作成します。ずらす文字数については後述します。

2 テキスト内の照合位置をpositionとする

positionの初期値を **パターンの文字数 - 1** とします。

3 パターン末尾から先頭に向かって照合する

パターン末尾の文字と、テキストのpositionの位置の文字を比較します。一致するならパターンの先頭へ向かって次の文字を順に照合します。

4 すべて一致した場合

パターンのすべての文字が一致したら、その位置にパターンがあります。

5 不一致の場合

一致しない時点で、スキップ表により position を適切な文字数だけ進め、再び照合を行います。

6 探索終了

`position` がテキストの末尾を超えたらパターンは存在しません。

◆ ボイヤー・ムーア法の詳細

このアルゴリズムを図解します。「I'm learning Python and algorithms.」というテキストに「Python」というパターンがあるかを調べるとします。まず、パターン末尾の文字とテキストの文字を比較します。

● ボイヤー・ムーア法の流れ①

このとき、Pythonの n はテキストの e と一致しません。 e はパターンの Python に含まれません。そこで Python の文字数である6文字進めた位置で新たに照合します。6文字先から調べる理由は、Python に e は含まれないので、テキスト先頭から e の位置までにパターンは存在しないからです。

● ボイヤー・ムーア法の流れ②

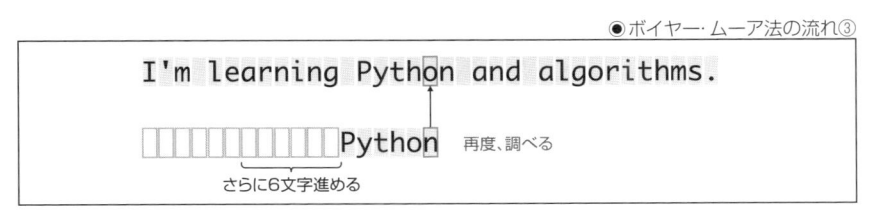

次の位置で照合したとき、パターンの n とテキストの g は一致しません。 g は Python に含まれないので、再び6文字、進めます。

● ボイヤー・ムーア法の流れ③

ここでも n と o は一致しません。しかし、o は Python に含まれます。パターンに含まれる文字があったときは、次の表の文字数だけずらして照合し直します。

● スキップ表（ずらす文字数）

テキストの文字	P	y	t	h	o	n	その他
ずらす値	5	4	3	2	1	−	6

ここではテキストに o があったので1文字ずらします。

◉ボイヤー・ムーア法の流れ④

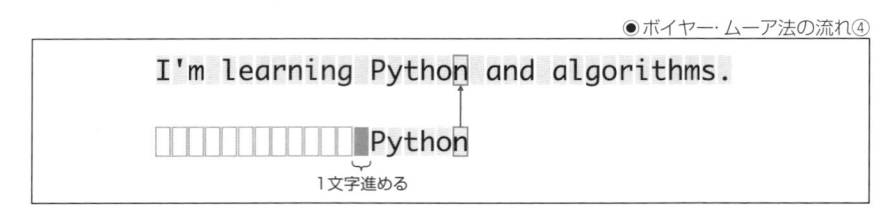

再びパターンの末尾から先頭に向かって照合します。この位置で、n、o、h、t、y、P の順にテキストの文字と照らし合わせると、すべてが一致します。これでパターンが見つかります。

🔹 スキップ表の作り方

パターンに含まれる文字がテキストにあったとき、何文字ずらすかについて説明します。

ずらす数はパターンの文字数で決まります。今回のパターンはPythonという6文字です。たとえばパターン末尾の文字とテキストの文字を照らし合わせたとき、そこに P があれば、5文字ずらして次の照合を行います。これは次の図のように、テキストの5文字ずらした先が Python である可能性があるためです。

◉ずらす文字数の例

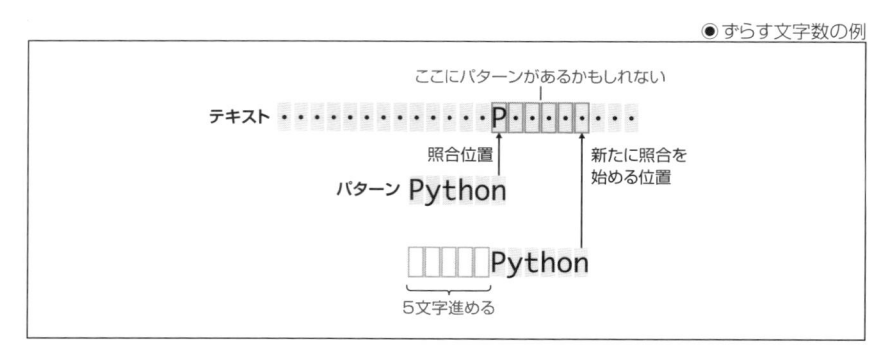

パターン末尾とテキストを照らし合わせたとき、テキストの文字が o なら1文字、h なら2文字、t なら3文字、y なら4文字ずらした位置にパターンが存在する可能性があります。その文字数を前ページの表のように定めます。

ボイヤー・ムーア法のプログラム

ボイヤー・ムーア法で文字列を探索するプログラムを確認します。変数 `text` に代入したテキストに、変数 `pattern` に代入したパターンがあるかを調べます。存在するときは何文字目にあるかを出力します。

SAMPLE CODE 「Chapter6」→「boyer_moore.py」

```python
 1: text = "I'm learning Python and algorithms."
 2: pattern = "Python"
 3: tn = len(text)
 4: pn = len(pattern)
 5:
 6: # スキップ表を用意する
 7: shift = [pn] * 128
 8: for i in range(pn - 1):
 9:     shift[ord(pattern[i])] = pn - i - 1
10:
11: position = pn - 1
12: found = False
13: while position < tn:
14:     found = True
15:     for i in range(pn):
16:         if text[position - i] != pattern[pn - 1 - i]:
17:             found = False
18:             break
19:     if found:
20:         break
21:     position += shift[ord(text[position])]
22:
23: print("テキスト:", text)
24: print("パターン:", pattern)
25: if found:
26:     print(str(position - pn + 1) + "文字目に見つかりました")
27: else:
28:     print("文字列内に" + pattern + "はありません")
```

このプログラムは1文字が1バイトで表現される半角文字のテキストとパターンで文字列探索を行います。2バイトで表現される全角文字の探索はできません。

実行結果は次の通りです。

> **テキスト**: I'm learning Python and algorithms.
> **パターン**: Python
> **13文字目に見つかりました**

　1～2行目でテキストとパターンを変数に代入し、3～4行目でそれぞれの文字数を `tn` 、 `pn` という変数に代入します。

　7～9行目で、何文字分ずらすかを代入する `shift[]` という配列に、ずらす文字数を代入します。

🦠 スキップ表の文字数をどのように定めるか

　ずらす文字数をどのように定めるかを説明します。

　9行目の `shift[ord(pattern[i])] = pn - i - 1` で文字数を決めます。 `ord()` は文字のユニコード(ここではアスキーコード)を取得する関数です。アスキーコードについて後述します。

　8行目のfor文の `i` が `0` のとき、 `pattern[i]` は `pattern[0]` であり、 `pattern[0]` はPythonの頭文字Pです。 `ord("P")` はアスキーコードの `80` を返します。9行目は `shift[80] = 6 - 0 - 1` になり、 `shift[80]` に `5` を代入します。

　次に `i` が `1` のとき、 `pattern[1]` は y です。 `ord("y")` は `121` で、 `shift[121] = 6 - 1 - 1` により、 `shift[121]` に `4` を代入します。

　このようにパターンのすべての文字である、 `P` 、 `y` 、 `t` 、 `h` 、 `o` 、 `n` に対応した、ずらす文字数を `shift[]` に代入します。

　ボイヤー・ムーア法の処理(11～21行目)の内容を、この後、説明しますが、先に21行目の `position += shift[ord(text[position])]` を確認します。

　テキストの `position` の位置の文字を調べたとき、それが `P` であるとします。 `text[position]` が `P` なら `ord(text[position])` は `80` で、 `position += shift[80]` により、調べる位置を5文字、後ろにずらします。

ボイヤー・ムーア法の実装を確認する

11〜21行目でボイヤー・ムーア法による探索を行います。この処理は `while` 文に `for` 文が入る繰り返しになります。

`position` の初期値をパターンの **文字数** `- 1` とします。

パターンがあるか判断するための `found` というフラグを用意します。

13行目の `while` の条件式を `position < tn` とし、テキスト末尾まで照合を続けます。

14行目で `found` に `True` を代入し、15〜18行目の `for` 文と `if` 文で、パターンの末尾から先頭に向かい、テキストの文字と一致するか調べます。一致しなければ `found` に `False` を代入し、`break` で `for` の繰り返しを中断します。

`found` が `True` ならパターンが見つかったので、19〜20行目で `while` の繰り返しを中断します。

パターンと一致しない間、21行目で調べる位置をずらします。ここでスキップ表を使用します。

照合位置をずらして、再びパターンとテキストが一致するかを調べます。テキストの末尾に達してもパターンが見つからなければ、`while` の繰り返しが終わります。

`while` を抜けた後、25〜28行目で `found` の値に応じてパターンが何文字目に見つかったか、あるいは、パターンは存在しないことを出力します。

アスキーコードについて

アスキーコードは半角アルファベットの大文字と小文字、数字、各種の記号などを0〜127という値（7ビットで表せる数）に割り当てた文字コードです。半角スペースは32、ドット(.)は46、A〜Zは65〜90、a〜zは97〜122、数字の0〜9は48〜57という値になります。

`ord()` に半角文字を与えると、その値を返します。全角文字を与えた場合はユニコードを返します。半角の英数字と一般的な記号（`!`、`+`、`-`、`*`、`/`、`=`、半角スペースなど）は、アスキーコードとユニコードで共通の値になります。

COLUMN
ゲームのアルゴリズム① : 弱い相手を探す

◆ゲームに使われる探索アルゴリズム

　冒険者達がパーティーを組み、イベントをこなしたり、敵と戦いながら、目標を達成するロールプレイングゲーム（RPG）と呼ばれるジャンルのゲームがあります。

　敵のグループと戦闘になったとき、パーティーメンバーの弱っているキャラクターを狙って攻撃してくる敵がいます（実際に、そのようなゲームがあります）。この「弱った相手を狙う」という敵の行動を実現するのに探索アルゴリズムが使われます。

◆サンプルプログラムを確認する

　パーティーメンバーが、戦士、神官、魔導士、格闘家、忍者の5人で、各自の体力が次の値であるとします。

● ゲームのキャラクターの体力

番号	0	1	2	3	4
職業	戦士	神官	魔導士	格闘家	忍者
体力	300	80	120	10	200

　この中で体力の最も低いキャラクターが敵に狙われるとします。最も小さな値を探すには、いくつかの方法が考えられますが、次のプログラムで実現できます。

SAMPLE CODE 「Chapter6」→「search_weak_character.py」

```
 1: job = ["戦士", "神官", "魔導士", "格闘家", "忍者"]
 2: life = [300, 80, 120, 10, 200]
 3:
 4: target_index = None # 狙われるキャラクターの番号（インデックス）
 5: min_life = 9999      # 比較用に、大きな値で初期化
 6:
 7: for i in range(len(job)):  # 体力が最も低いキャラクターを探す
 8:     if life[i] < min_life: # 現在のキャラクターの体力が低い
 9:         target_index = i   # そのキャラクターの番号を保持
10:         min_life = life[i] # 最小体力値を更新
11:
12: # 結果表示
13: print("体力が最も少ないのは", job[target_index])
```

実行結果は次の通りです。

体力が最も少ないのは 格闘家

`job[]` という配列でキャラクターの職業名を定義し、`life[]` で体力を
定義します。

4行目の `target_index` は、最も体力の少ないキャラクターの番号（イ
ンデックス）を代入する変数です。

5行目の `min_life` は、体力を調べて、より小さな値を代入する変数です。

7〜10行目のfor文とif文で、1人ずつ体力を調べ、より小さな値が見
つかれば、そのキャラクターの番号と最小体力値を更新します。これをす
べてのキャラクターに対して行うことで、最も体力の低いキャラクターが
見つかります。このアルゴリズムは線形探索の一種になります。

CHAPTER
07
ソート

>>> **本章の概要**

データを昇順や降順に並べ替える処理をソートといいます。この章では、数あるソートのアルゴリズムの中から、代表的な5つの手法を学びます。

Pythonのソート命令を確認する

この節では、Pythonに備わるソートの命令を使って、ソートが具体的にどのようなものかを確認します。

昇順と降順について

データの並び方に**昇順**と**降順**があることをCHAPTER 06で説明しました。1、2、3、4、5……のように小さなものから大きなものの順に並ぶことが昇順です。データをそのように並べ替えることを**昇順にソート**するといいます。一方、9、8、7、6、5……と大から小の順に並ぶことが降順で、そのように並べ替えることを**降順にソート**するといいます。

文字列にも大小関係がある

文字列にも大小関係があります。半角文字は**アスキーコード**の順が昇順で、逆の順番が降順です。アルファベットの場合、a、b、c、d、e……の順番が昇順です。たとえば英単語がyellow、white、red、orange、green、blueと並んでいれば、これらは降順になります。

日本語の全角文字を含めた多くの言語の文字の番号を定めた代表的な仕様に**ユニコード**があります。全角文字はユニコードによって文字列の大小関係が決まります。

Pythonの「sort()」で昇順にソートする

`sort()` はデータを昇順に並べ替える命令です。 `配列名.sort()` と記述して実行します。次のプログラムで `sort()` の使い方を確認します。

SAMPLE CODE 「Chapter7」→「sort_1.py」

```python
1: data = [100, 50, -10, 0, 22, 8, 1]
2: print("元のデータ", data)
3: data.sort()
4: print("ソート後  ", data)
```

実行結果は次の通りです。

```
元のデータ [100, 50, -10, 0, 22, 8, 1]
ソート後   [-10, 0, 1, 8, 22, 50, 100]
```

Pythonのリストに対して `sort()` を実行すると、データが昇順に並びます。なお、本書ではPythonのリストを配列として使用しています。

● 「sort()」で降順にソートする

`sort()` の引数を `reverse=True` とすると降順に並べ替えます。次のプログラムで確認します。

SAMPLE CODE 「Chapter7」→「sort_2.py」

```
1: data = [100, 50, -10, 0, 22, 8, 1]
2: print("元のデータ", data)
3: data.sort(reverse=True)
4: print("ソート後  ", data)
```

実行結果は次の通りです。

```
元のデータ [100, 50, -10, 0, 22, 8, 1]
ソート後   [100, 50, 22, 8, 1, 0, -10]
```

● 文字列を並べ替える

`sort()` で文字列も並べ替えられます。 `sort_1.py` のデータを次のように変えて動作を確認しましょう。

```
1: data = ["yellow", "white", "red", "orange", "green", "blue"]
```

このデータに対して `sort()` を使用すると、`['blue', 'green', 'orange', 'red', 'white', 'yellow']` の順に並べ替えます。

● 「sorted()」を使用する

`sort()` は元のデータを変更しますが、`sorted()` という命令を使用すると、元のデータとは別に、データを並べ替えた新たな配列を作ることができます。次のプログラムで `sorted()` の使い方を確認します。

SAMPLE CODE 「Chapter7」→「sort_3.py」

```
1: data = [100, 50, -10, 0, 22, 8, 1]
2: new_data = sorted(data)
3: print("元のデータ  ", data)
4: print("新たなデータ", new_data)
```

01
02
03
04
05
06
07
ソート
08
09
10
11
12

実行結果は次の通りです。

```
元のデータ    [100, 50, -10, 0, 22, 8, 1]
新たなデータ  [-10, 0, 1, 8, 22, 50, 100]
```

`data[]` の並び方を変更せず、2行目の `new_data[]` という配列に `data[]` の中身をソートした新たなデータを代入します。

Pythonのリストに対して `sort()` を使用すると、データの並び方が変わります。このような元のデータを復元できない操作は破壊的操作と呼ばれます。一方、`sorted()` は、元のリストをそのままに、ソート済みの新しいリストを返すという非破壊的操作を行います。

選択ソート

この節では、選択ソートというアルゴリズムについて説明した後、選択ソートを自作します。

🔷 選択ソートの概要

選択ソートはすべてのデータの中から最も小さな値を探し、それを先頭のデータと入れ替えます。次に先頭を除いたデータの中から最も小さな値を探し、先頭の次の値と入れ替えます。この手順をデータ末尾まで行うことでデータを並べ替えます。

🔷 選択ソートの詳細

選択ソートの処理の流れを図解します。ここでは 9, 7, 6, 1, 3 というデータを昇順に並べ替えます。

● 選択ソートの流れ

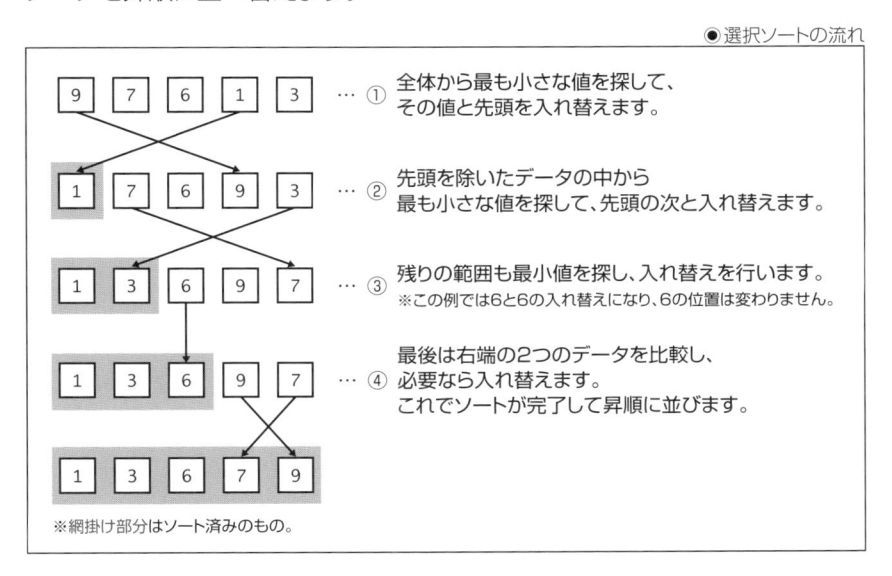

… ①	全体から最も小さな値を探して、その値と先頭を入れ替えます。
… ②	先頭を除いたデータの中から最も小さな値を探して、先頭の次と入れ替えます。
… ③	残りの範囲も最小値を探し、入れ替えを行います。※この例では6と6の入れ替えになり、6の位置は変わりません。
… ④	最後は右端の2つのデータを比較し、必要なら入れ替えます。これでソートが完了して昇順に並びます。

※網掛け部分はソート済みのもの。

最も小さな値を探す方法を説明しましたが、最も大きな値を探して入れ替えると、データが降順に並びます。

選択ソートの自作例

選択ソートのプログラムを確認します。この章で自作するソートのプログラムはデータを昇順に並べ替えます。

SAMPLE CODE 「Chapter7」→「select_sort.py」

```
1: data = [9, 7, 6, 1, 3]
2: n = len(data)
3: print("データ数", n)
4: print(data, "元のデータ")
5:
6: for i in range(0, n - 1):
7:     min_idx = i
8:     for j in range(i + 1, n):
9:         if data[j] < data[min_idx]:
10:             min_idx = j
11:     data[i], data[min_idx] = data[min_idx], data[i]
12:
13: print(data, "ソート後")
```

実行結果は次の通りです。

```
データ数 5
[9, 7, 6, 1, 3] 元のデータ
[1, 3, 6, 7, 9] ソート後
```

1行目で、ばらばらに並ぶデータを data[] という配列で定義します。

2行目でデータの数を変数nに代入します。 len() の引数に一次元の配列を与えると要素数を返します。このプログラムで n は 5 になります。

プログラムを理解しやすいように、3～4行目で、 n の値と、並べ替える前のデータを出力します。

6～11行目が選択ソートの処理です。

並べ替えたデータを13行目で出力します。

選択ソートの処理を確認する

選択ソートによる並べ替えを、変数 `i` による `for` 文に、変数 `j` による `for` 文が入る**二重ループ**の処理で行います。それぞれの `for` 文で繰り返す範囲を、`n` を用いて指定します。こうすれば後からデータの数を変更しても、プログラムを書き換えなくて済みます。

7行目の `min_idx` という変数で最小値のある位置を保持します。位置とは配列の添え字（インデックス）です。ソートの学習プログラムで、これを `min` という変数名にすることがありますが、Pythonには最小値を求める `min()` という関数があるので、混同しないように `min_idx` とします。

外側の繰り返しのiの値がデータを入れ替える先頭の位置です。

内側の繰り返しで先頭を除いたデータの中から最小値を探し、その位置を `min_idx` に代入します。この処理について詳しく説明します。

外側の `for` のブロックのはじめの7行目で、`min_idx` に `i` の値を代入します。内側の `for` 文の範囲を `range(i + 1, n)` とします。これにより `j` は `i + 1` から始まり、`n - 1` まで1ずつ増えます。9〜10行目の `if` 文で `data[j]` が `data[min_idx]` より小さいなら、`min_idx` に `j` を代入して最小値の位置を更新します。

内側の `for` の処理が終わったら、11行目でデータの先頭と最小値を入れ替えます。Python では、**変数a, 変数b = 変数b, 変数a** と記述して、2つの変数の中身を入れ替えることができます。

`data[min_idx]` より小さな値が存在しなければ、`min_idx` は `i` の値のままです。その場合、11行目は `data[i], data[i] = data[i], data[i]` となり、元の値を元の値と入れ替えるので、データの位置は変わりません。

外側のfor文の範囲について

選択ソートでn個のデータを並べ替えるとき、外側の `for` の繰り返す範囲を `range(0, n - 1)` とします。これにより変数 `i` は `0` から `n - 2` まで1ずつ増えます。`range(0, n)` としないのは、`i` が `n - 2` のときにデータの終わり（右端）にある `data[n - 2]` と `data[n - 1]` を比較するためです。

01
02
03
04
05
06

07

ソ
ー
ト

08
09
10
11
12

バブルソート

この節では、バブルソートというアルゴリズムを学びます。

🎁 バブルソートの概要

バブルソートはデータの左右を比較し、小さな値を左に、大きな値を右に移して、データを昇順に並べ替えます。大きな値を左、小さな値を右に移せばデータが降順に並びます。

🎁 バブルソートの詳細

バブルソートの処理の流れを図解します。

●バブルソートの流れ

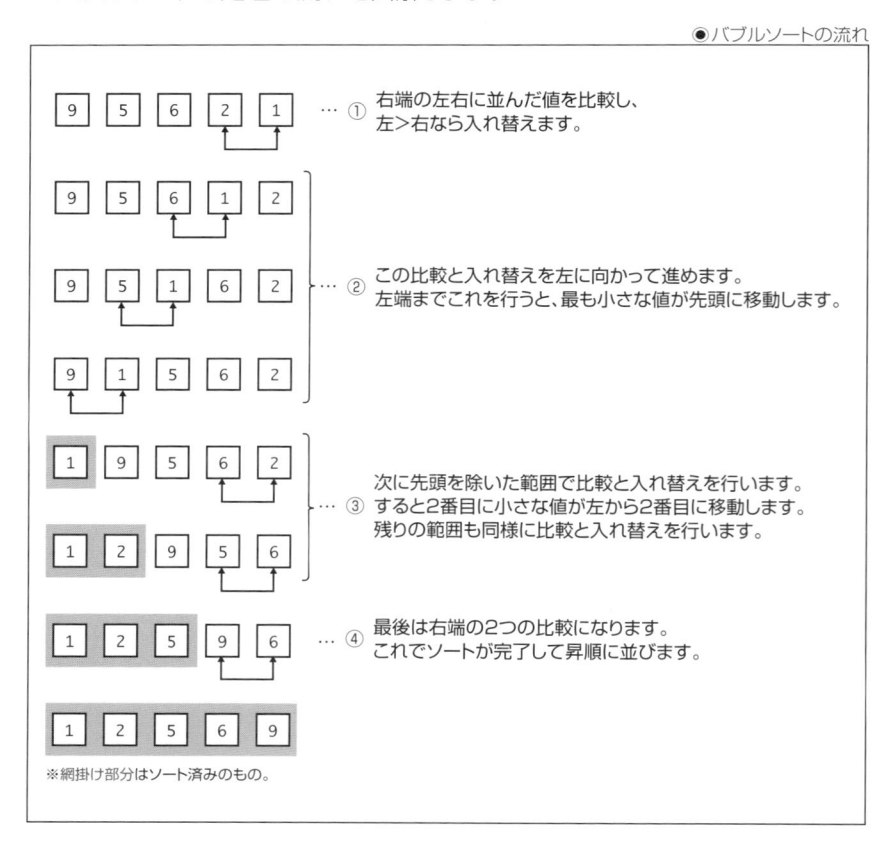

※網掛け部分はソート済みのもの。

　データを右から左に向かって比較する方法を説明しましたが、データを左から右に向かって比較し、大きな値を右に移すこともできます。どちらの向きに比較と入れ替えを行っても、入れ替え回数に違いはありません。

● バブルソートの自作例

バブルソートのプログラムを確認します。

SAMPLE CODE 「Chapter7」→「bubble_sort_1.py」

```
 1: data = [9, 5, 6, 2, 1]
 2: n = len(data)
 3: print("データの数", n)
 4: print(data, "元のデータ")
 5:
 6: for i in range(0, n - 1):
 7:     for j in range(n - 1, i, -1):
 8:         if data[j - 1] > data[j]:
 9:             data[j], data[j - 1] = data[j - 1], data[j]
10:
11: print(data, "ソート後")
```

　実行結果は次の通りです。

```
データの数 5
[9, 5, 6, 2, 1] 元のデータ
[1, 2, 5, 6, 9] ソート後
```

　1行目で、ばらばらに並ぶデータを `data[]` という配列で定義します。

　2行目でデータの数を変数 `n` に代入します。

　3～4行目で `n` の値と元のデータを出力します。

　6～9行目がバブルソートの処理です。

　並べ替えたデータを11行目で出力します。

◆ バブルソートの処理を確認する

バブルソートによる並べ替えを、変数 i による for 文に、変数 j による for 文が入る二重ループで行います。

6行目の外側の for 文の i は、データの比較と入れ替えをどこまで行うかという値を代入する変数です。

7行目の内側の for 文の j は、データの右端から左へ向かって比較を進めるための変数です。7~9行目の for 文と if 文で、右端から i の位置まで比較と入れ替えを行います。左 > 右のときに、data[j], data[j - 1] = data[j - 1], data[j] で左右の値を交換します。

◆ それぞれの「for」の範囲を確認する

外側のforの範囲を range(0, n-1) とし、i は 0 から始まり、n-1 の1つ手前の n-2 まで繰り返します。 range(0, n) としないのは、最後の比較を data[n - 2] と data[n - 1] で行うためです。

内側の for の範囲を range(n - 1, i, -1) とし、j は n - 1 から始まり、値が1ずつ減り、i + 1 まで繰り返します。 j の値を減らすことでデータの右から左へ向かって比較と入れ替えを行います。

◆ バブルソートの改良について

bubble_sort_1.py はバブルソートを最もシンプルに記述したプログラムです。このプログラムは、データが昇順に並んで入れ替えが不要になっても、データの比較を最後まで行います。そのため無駄な処理が発生します。

バブルソートの効率を上げるために、フラグを使ってすでに整列した状態かを判断し、その場合、ループを終了する改良方法があります。この改良を加えたプログラムを確認します。

SAMPLE CODE 「Chapter7」→「bubble_sort_2.py」

```
1: data = [9, 5, 6, 2, 1]
2: n = len(data)
3: print("データの数", n)
4: print(data, "元のデータ")
5:
6: for i in range(0, n - 1):
7:     swapped = False # 交換が行われたか
8:     for j in range(n - 1, i, -1):
```

```
 9:          if data[j - 1] > data[j]:
10:              data[j], data[j - 1] = data[j - 1], data[j]
11:              swapped = True
12:      if swapped == False: # 一度も交換しなかったら終了
13:          break
14:
15: print(data, "ソート後")
```

実行結果は次の通りです(前のプログラムと一緒です)。

```
データの数 5
[9, 5, 6, 2, 1] 元のデータ
[1, 2, 5, 6, 9] ソート後
```

　7行目で swapped というフラグに False を代入します。内側の for 文と if 文で左右のデータを交換したら swapped に True を代入します。

　一度も交換が行われないと swapped は False のままです。その時点でデータが昇順に並んでいるので、12～13行目で外側の繰り返しを中断します。

🔷 シェイカーソートについて

　bubble_sort_2.py とは別の方法でバブルソートの効率を上げる**シェイカーソート**(双方向バブルソート)というアルゴリズムがあります。このアルゴリズムは、右向きへの比較と交換で最大値を右端に移動し、次に左向きの比較と交換で最小値を左端に移動します。この操作を交互に繰り返します。その際、左右の移動ごとにソート済みになった範囲を除外して比較回数を減らし、効率を上げます。本書では紹介のみとしますが、興味を持たれた方はネット検索で情報を得ることができます。

挿入ソート

この節では、挿入ソートというアルゴリズムを学びます。

🔹 挿入ソートの概要

挿入ソートはすべてのデータを1つずつ調べ、それぞれの値をあるべき位置に挿入してデータを並べ替える手法です。要素の1つひとつを、それより前に並んだデータと比較し、適切な位置に値を挿入して、配列全体を整列します。

🔹 挿入ソートの詳細

挿入ソートの処理の流れを図解します。

● 挿入ソートの流れ

先頭から2つ目の値（この図では7）を、
… ① その左にあるデータと比較し、左の方が大きいなら、
左のデータを右にずらし、2つ目の値を左端に挿入します。

先頭から3つ目の値（この図では4）を、
… ② それより左に並ぶデータと比較します。
この例では左の2つより前にあるべきなので、そこに挿入します。

先頭から4つ目の値（この図では5）を、
… ③ 左側に並ぶデータと比較して、あるべき位置に挿入します。

残りの値も同様に左側に並ぶデータと比較し、
… ④ あるべき位置に挿入します。
比較と挿入を右端まで行うと、ソートが完了して昇順に並びます。

※網掛け部分はソート済みのもの。

挿入ソートは最後の要素の比較と挿入を行うと整列が終わります。配列の最後が、たまたま最も大きな値だった場合を除き、末尾の要素をいずれかの位置に挿入するとソートが完了します。

◈ 挿入ソートの自作例

挿入ソートのプログラムを確認します。

SAMPLE CODE 「Chapter7」→「insert_sort.py」

```
 1: data = [9, 7, 4, 5, 1]
 2: n = len(data)
 3: print("データの数", n)
 4: print(data, "元のデータ")
 5:
 6: for i in range(1, n):
 7:     tmp = data[i]
 8:     pos = i
 9:     while pos > 0 and data[pos - 1] > tmp:
10:         data[pos] = data[pos - 1]
11:         pos = pos - 1
12:     data[pos] = tmp
13:
14: print(data, "ソート後")
```

実行結果は次の通りです。

```
データの数 5
[9, 7, 4, 5, 1] 元のデータ
[1, 4, 5, 7, 9] ソート後
```

1行目の `data[]` という配列で並べ替えるデータを定義します。

2行目でデータの数（配列の要素数）を変数 `n` に代入します。

3～4行目で `n` の値と元のデータを出力します。

6～12行目が挿入ソートの処理です。

並べ替えたデータを14行目で出力します。

🔷 挿入ソートの処理を確認する

変数 `i` による `for` 文に `while` 文が入る繰り返しで挿入ソートを行います。

外側の `for` で変数 `i` を `1` から `n - 1` まで1ずつ増やします。

内側の `while` でデータの `i` 番目(`data[i]`)を、それより左に並ぶデータと比較し、正しい位置にデータを挿入します。データの比較と入れ替えを、どのように行うかを説明します。

7行目で `tmp` という変数に `data[i]` を代入します。一時的に使用する変数に `tmp` や `temp` といった名前が付けられます。これは `temporary` （一時的)を略した変数名です。

8行目で `pos` という変数に `i` の値を代入します。

9行目の `while` の条件式を `pos > 0 and data[pos - 1] > tmp` としています。これにより、`pos` が `0` より大きく、かつ、`data[pos - 1]` が `tmp` より大きい間、10行目で `data[pos - 1]` を右にずらします。

11行目で `pos` を1ずつ減らし、データの左へ向かって処理を行います。

`while` の繰り返しが終わると、`pos` は `tmp` に代入したデータがあるべき位置（配列の添え字）になります。

12行目で、ずらしたデータの先頭に `tmp` を挿入します。

この処理を外側の `for` でデータ末尾まで繰り返すとソートが完了します。

シェルソート

挿入ソートを改良したシェルソートというアルゴリズムがあります。この節では、シェルソートについて学びます。

🍀 シェルソートの概要

シェルソートは挿入ソートを改良して効率を高めたアルゴリズムです。通常の挿入ソートは隣り合うデータを順に比較して並べ替えますが、データが乱れている場合、多くの移動が必要になるので、入れ替え回数が増えます。一方、シェルソートは一定の間隔を空けたデータをグループ化し、それぞれのグループで挿入ソートを行います。その間隔を狭めながら挿入ソートを繰り返し、最後に通常の挿入ソートを行うことでソートを完了します。

この手法の特長は、離れたデータを早い段階で適切な位置に移すことで、後半の挿入ソートを効率化します。これによりデータの移動回数を減らすことができます。

🍀 シェルソートの詳細

4, 2, 8, 5, 3, 6, 7, 1 の8個のデータをシェルソートで並べ替える手順を説明します。ここでは間隔を4→2→1と狭めます。

まず、4の間隔で並んだデータをグループとします。①のグループ(4,3)、②のグループ(2,6)、③のグループ(8,7)、④のグループ(5,1)を、グループごとに挿入ソートします。

```
① [4, 2, 8, 5, 3, 6, 7, 1]
② [4, 2, 8, 5, 3, 6, 7, 1]
③ [4, 2, 8, 5, 3, 6, 7, 1]
④ [4, 2, 8, 5, 3, 6, 7, 1]
```

①の 4 と 3 で挿入ソートすると、データは 3, 2, 8, 5, 4, 6, 7, 1 になります。

②、③、④も各グループで挿入ソートします。すると、データが次のように並びます。

```
[3, 2, 7, 1, 4, 6, 8, 5]
```

次は間隔を2に狭めたグループで挿入ソートします。

⑤ **[3**, 2, **7**, 1, **4**, 6, **8**, 5]
⑥ [3, **2**, 7, **1**, 4, **6**, 8, **5**]

⑤の **3,7,4,8** のグループを挿入ソートすると、データは 3, 2, 4, 1, 7, 6, 8, 5 になります。
続いて⑥のグループを挿入ソートすると、次のように並びます。

```
[3, 1, 4, 2, 7, 5, 8, 6]
```

最後に全体を **1** の間隔で挿入ソートします。

```
[1, 2, 3, 4, 5, 6, 7, 8]
```

これでソートが完了し、データが昇順に並びます。
シェルソートの効率は間隔をどのようにとるかで変化します。本書では間隔を単純に半分ずつ減らす方法でプログラムを記述しますが、よりよい間隔の取り方があり、後述します。

● シェルソートの自作例

シェルソートのプログラムを確認します。

SAMPLE CODE 「Chapter7」→「shell_sort.py」

```
 1: data = [4, 2, 8, 5, 3, 6, 7, 1]
 2: n = len(data)
 3: print("データの数", n)
 4: print(data, "元のデータ")
 5:
 6: gap = n // 2 # 最初の間隔を決める
 7: while gap >= 1:
 8:     for st in range(0, gap): # グループごとに挿入ソートする
 9:         for i in range(st + gap, n, gap):
10:             tmp = data[i]
11:             pos = i - gap
12:             while pos >= 0 and data[pos] > tmp:
13:                 data[pos + gap] = data[pos]
```

```
14:                 pos = pos - gap
15:               data[pos + gap] = tmp
16:     gap = gap // 2 # 間隔を狭める
17:
18: print(data, "ソート後")
```

実行結果は次の通りです。

```
データの数 8
[4, 2, 8, 5, 3, 6, 7, 1] 元のデータ
[1, 2, 3, 4, 5, 6, 7, 8] ソート後
```

1行目の配列で並べ替えるデータを定義し、2行目で要素数（データ数）を変数 n に代入します。3〜4行目でnの値と元のデータを出力します。

6〜16行目がシェルソートの処理です。これは、`while gap >= 1` の中に `for st in range(0, gap)` が入り、その内側に前の節の挿入ソートの処理が入ります。

変数 gap の間隔でデータをグループ化して挿入ソートするために、`while gap >= 1` と `for st in range(0, gap)` の繰り返しを用います。

🎁 シェルソートの処理を確認する

6行目の gap がソートする間隔を代入する変数です。演算子 `//` で割り算した値は整数になります。このプログラムは gap の初期値をデータ数の半分とし、挿入ソートを行うたびに16行目で gap を半分に減らします。データが8個あるので、gap は 4 → 2 → 1 と変化します。

7行目の `while gap >= 1` と8行目の `for st in range(0, gap)` で、gap が 1 以上の間、9〜15行目の挿入ソートを gap の間隔で行います。 for 文の st は、gap が 4 のときは 0 → 1 → 2 → 3 と変化し、gap が 2 のときは 0 → 1 と変化します。 gap が 1 のとき、st は 0 です。

●gapの間隔で挿入ソートする

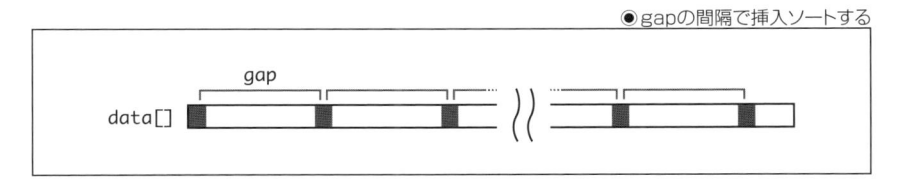

　9〜15行目が前の節で学んだ挿入ソートの処理です。このプログラムはグループごとに gap の間隔で挿入ソートするため、9行目の for の範囲を range(st + gap, n, gap) とします。これにより、変数 i は初期値 st+gap から、n より小さい間、gap ずつ増えます。

　また、比較に用いる pos の初期値を11行目のように i - gap とします。pos の値を減らし、左に向かってデータを調べますが、それを gap の間隔で行うので、14行目のように pos = pos - gap とします。

　gap は最終的に 1 になり、最後に通常の挿入ソートが行われます。

◆ シェルソートの間隔について

　シェルソートの効率は間隔の取り方によって変わります。シェルソートが考案された1959年以降、効率的な間隔を求める研究が進められました。現時点では、あらゆるデータの並び方に対応する最適な間隔は完全には解明されていませんが、効率のよい間隔として、いくつかの式が提案されています。代表的な例に数列 $\frac{3^n-1}{2}$ の間隔があります。この式に基づいて121→40→13→4→1と間隔を狭めると、シェルソートの性能が大きく向上することが知られています。

　データの分量や、並んでいる値の分布によって最適な間隔が異なる場合があります。興味を持たれた方はネット検索で情報を得ることができます。

マージについて

データをマージして、昇順や降順に並べ替えるマージソートというアルゴリズムがあります。この節では、マージについて説明し、次の節でマージソートのプログラムを自作します。

🐾 マージとは

マージとは、複数、存在する別々のデータを、1つのデータにすることです。次の2つデータを使ってマージの流れを説明します。

```
データA [0, 3, 5, 6, 8, 9]
データB [1, 2, 4, 7]
```

A、Bともデータが昇順に並びます。それらのデータを1つに並べたCというデータを作ります。データをマージする様子をイメージで表します。

●データのマージ

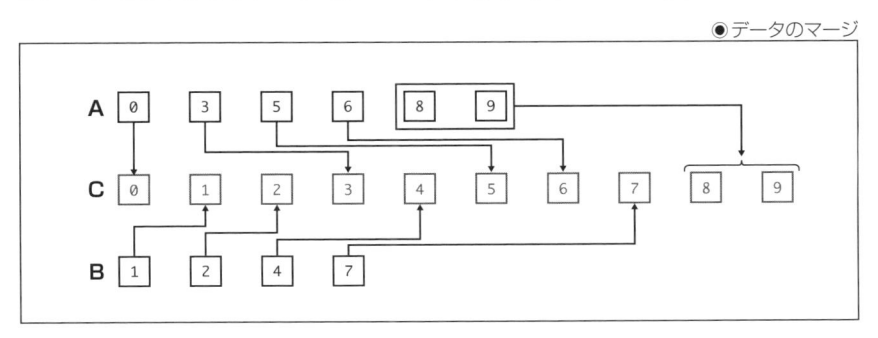

AとBに並ぶ、より小さな値をCに置きます。具体的には、まずAの0をCに置きます。次にBの1をCに置きます。さらにBの2をCに置き、Aの3をCに置くということを続けます。

A、Bどちらかの末尾のデータをCに置いたら、他方の残りのデータをCの後ろに並べます。ここではBの7をCに置いた後に、Aの8と9を置きます。これでマージが完了します。

🔷 マージを行うプログラム

データをマージするプログラムを確認します。

SAMPLE CODE 「Chapter7」→「merge.py」

```python
 1: A = [0, 3, 5, 6, 8, 9]
 2: B = [1, 2, 4, 7]
 3: na = len(A)
 4: nb = len(B)
 5: C = [0] * (na + nb)
 6: i, j, k = 0, 0, 0
 7:
 8: while i < na and j < nb:
 9:     if A[i] < B[j]:
10:         C[k] = A[i]
11:         i = i + 1
12:         k = k + 1
13:     else:
14:         C[k] = B[j]
15:         j = j + 1
16:         k = k + 1
17:
18: while i < na:
19:     C[k] = A[i]
20:     i = i + 1
21:     k = k + 1
22:
23: while j < nb:
24:     C[k] = B[j]
25:     j = j + 1
26:     k = k + 1
27:
28: print("A:", A)
29: print("B:", B)
30: print("C:", C)
```

実行結果は次の通りです。

```
A: [0, 3, 5, 6, 8, 9]
B: [1, 2, 4, 7]
C: [0, 1, 2, 3, 4, 5, 6, 7, 8, 9]
```

1〜2行目でデータ A とデータ B を定義します。

3行目の `na` にデータ A の数、4行目の `nb` にデータ B の数を代入します。

5行目で A と B をマージしたデータを入れる C という配列を用意します。

6行目でデータをマージするための3つの変数 `i` 、`j` 、`k` を用意します。Pythonでは **複数の変数名 ＝ それらの初期値** と記述して、変数をまとめて定義できます。`i` 、`j` 、`k` の初期値を、それぞれ `0` (各データの先頭の添え字)とします。

8〜16行目の `while` 文と `if` 文で、データ A の `i` 番目とデータ B の `j` 番目を比べ、小さいほうをデータ C の `k` 番目に代入します。 A のデータを C に置いたときは、`i` と `k` を1ずつ増やします。 B のデータを C に置いたときは、`j` と `k` を1ずつ増やします。

A 、B どちらかの末尾に達したら、他方の残りのデータを C に代入します。18〜21行目で A の残りを C に入れ、23〜26行目で B の残りを C に入れます。

マージを行った後、28〜30行目でデータ A 、B 、C を出力します。

マージソート

前の節で説明したマージの手法を用いてマージソートのプログラムを自作します。

🔷 マージソートの概要

マージソートの流れを図解します。この図は 8, 6, 3, 5, 4, 2, 7, 1 という8個のデータを、3つのステップで昇順に並べ変える様子です。

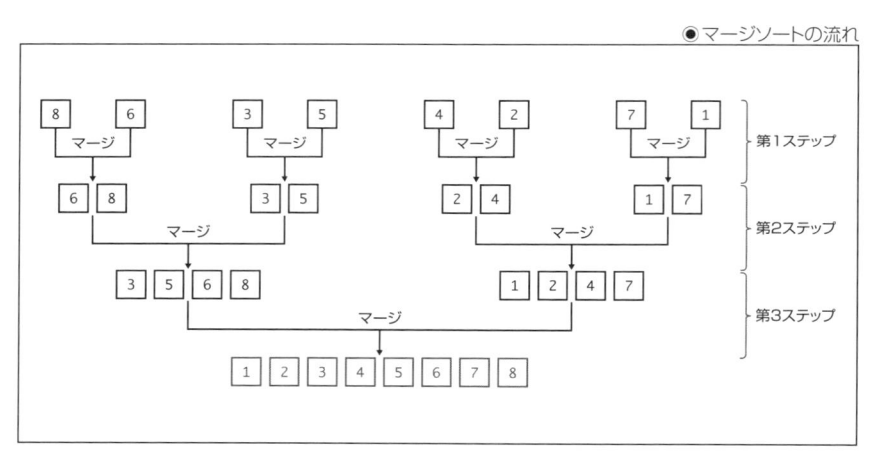

●マージソートの流れ

はじめに、隣り合うデータをマージします（第1ステップ）。

次に、2つのデータのまとまり同士をマージします（第2ステップ）。

最後に、4つのデータのまとまり同士をマージします（第3ステップ）。

これで並べ替えが完了します。

🔷 マージソートが完了するまでのステップ数

マージソートするデータの数が8個の場合、並べ替えに掛かるステップ数は3回です。8は2^3で、2の指数の3が、そのステップ数になります。

16個のデータなら16 = 2^4で、4回のステップで並べ替えが完了し、32個のデータなら32 = 2^5で、5回のステップで完了します。また、256個のデータは256 = 2^8で、8回のステップで完了します。

ただしデータの数は2のn乗とは限りません。そこで次のようにしてマージします。

● マージソートの詳細

マージソートの流れを7個のデータを並べ替えるとして説明します。

■ データのペアを作る

隣り合うデータ同士をマージし、データのペア（2つずつのまとまり）を作ります。マージにより、どのペアも左≦右になります。

データの数が奇数の場合は右端に余りができます。その余りを、ここでは断片と呼んで説明します。

2	+	2	+	2	+	1
ペアA		ペアB		ペアC		断片

■ 断片を左隣のまとまりとマージする

次にペアAとペアBをマージします（下記のD）。Dのデータは昇順に並びます。

ペアCと断片をマージします（下記のE）。Eのデータも昇順（左≦中≦右）に並びます。

4	+	3
D		E

■ すべてをマージ

最後にDとEをマージすると、すべてのデータが昇順に並びます。

全体的な処理の流れについて補足します。データのまとまりは、マージするたびに、2→4→8→16→32→64……と2^nの個数になります（断片以外）。データのまとまり同士を、さらにマージします。断片があるときは、左隣のまとまりとマージします。この方法により、データの数にかかわらずにマージを進め、データをソートします。

● マージソートの自作例

マージを行う関数を定義してマージソートを行うプログラムを確認します。マージソートは再帰処理によるプログラムが紹介されることが多いですが、このプログラムは再帰を使用しません。再帰によるマージソートはCHAPTER10で学習します。

SAMPLE CODE 「Chapter7」→「merge_sort.py」

```python
 1: data = [7, 5, 6, 3, 4, 2, 1]
 2: n = len(data)
 3: print("データの数", n)
 4: print(data, "元のデータ")
 5:
 6: def merge(dat, left, mid, right): # マージを行う関数
 7:     buf = [0] * (right - left)
 8:     i, j, k = left, mid, 0
 9:     while i < mid and j < right:
10:         if dat[i] < dat[j]:
11:             buf[k] = dat[i]
12:             i += 1
13:         else:
14:             buf[k] = dat[j]
15:             j += 1
16:         k += 1
17:     while i < mid:
18:         buf[k] = dat[i]
19:         i += 1
20:         k += 1
21:     while j < right:
22:         buf[k] = dat[j]
23:         j += 1
24:         k += 1
25:     for idx in range(left, right):
26:         dat[idx] = buf[idx - left]
27:
28: # マージソート(非再帰)
29: m = 1
30: while m < n:
31:     for idx0 in range(0, n, 2 * m):
32:         idx1 = idx0 + m;
33:         if idx1 > n: idx1 = n
34:         idx2 = idx0 + 2 * m
35:         if idx2 > n: idx2 = n
36:         merge(data, idx0, idx1, idx2)
37:     m = m * 2
38:
39: print(data, "ソート後")
```

実行結果は次の通りです。

```
データの数 7
[7, 5, 6, 3, 4, 2, 1] 元のデータ
[1, 2, 3, 4, 5, 6, 7] ソート後
```

6～26行目に定義した `merge(dat, left, mid, right)` という関数で、配列の指定の範囲をマージします。 `merge()` 関数に記述した `i += 1` は `i = i + 1` と同じ意味の式です。 `j += 1` 、`k += 1` についても同様です。

29～37行目の `while` と `for` による繰り返しで `merge()` を呼び出し、マージソートを行います。

「merge()」関数を確認する

`merge()` 関数はマージする配列を `dat` という引数で受け取り、マージの範囲を `left` 、`mid` 、`right` の3つの引数で受け取ります。行う処理は前の節の `merge.py` と基本的に同じ内容ですが、この関数は2つの配列を1つにするのではなく、`dat[left]` から `dat[mid - 1]` までと、`dat[mid]` から `dat[right - 1]` までをマージします。

●left～midとmid～rightをマージする

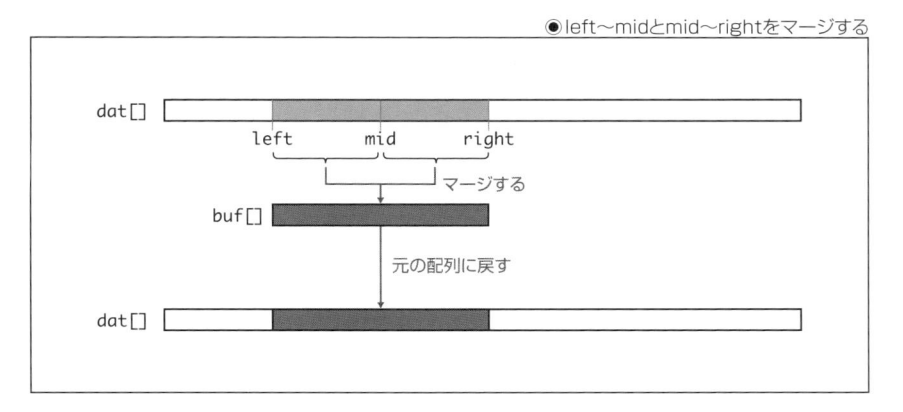

たとえば `merge(data, 0, 1, 2)` とすると `data[0]` と `data[1]` をマージします。 `merge(data, 0, 4, 8)` とすると `data[0]` ～ `data[3]` と `data[4]` ～ `data[7]` をマージします。

7行目の `buf[]` という配列で、マージしたデータを、いったん保持します。25～26行目で `buf[]` の中身を `dat[]` に戻します。このようなデータを一時的に保持するものを**バッファ**(buffer)と呼びます。

07
ソート

□1
□2
□3
□4
□5
□6
□8
□9
10
11
12

🔷 マージソートの処理を確認する

29～37行目の `while` 文に `for` 文が入る処理でマージソートを行います。

29行目で変数 `m` に初期値 `1` を代入します。 `m = 1` が隣り合うデータをマージしてペアを作るための最初の値です。37行目で `m` を2倍します。このプログラムのデータ数は7個で、`while m < n` で処理を繰り返すので、`m` は `1` → `2` → `4` と変化します。

内側の `for` 文と `merge()` 関数で、`data[]` の指定の範囲をマージします。その範囲を `idx0`、`idx1`、`idx2` の3つの変数で指定します。

●idx1、idx2、idx3の関係

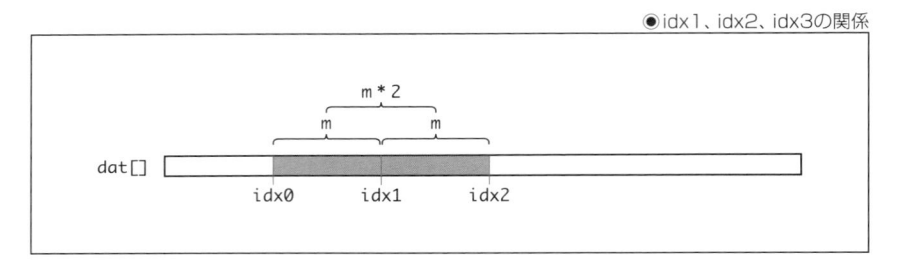

`idx0` が `merge()` の引数 `left`、`idx1` が引数 `mid`、`idx2` が引数 `right` になります。

データの数によっては、`idx1 = idx0 + m` で `idx1` がデータ数より多くなることがあります（例： `n` が `5` や `9` のとき）。それを防ぐために `if idx1 > n: idx1 = n` という `if` 文を記述しています。 `idx2` についても同様です。

🔷 「idx0」「idx1」「idx2」の値の補足

はじめはマージする範囲を把握することが難しいのではないでしょうか。そこでデータ数が `3`、`5`、`7` のときに、この処理で、どの範囲をマージするかを図解します。

マージの範囲を「 └┘ 」で示します。「↓」はデータの位置が変わらないこと意味します。

`m = 1` が第1ステップ、`m = 2` が第2ステップ、`m = 4` が第3ステップになります。

● データが3個のとき

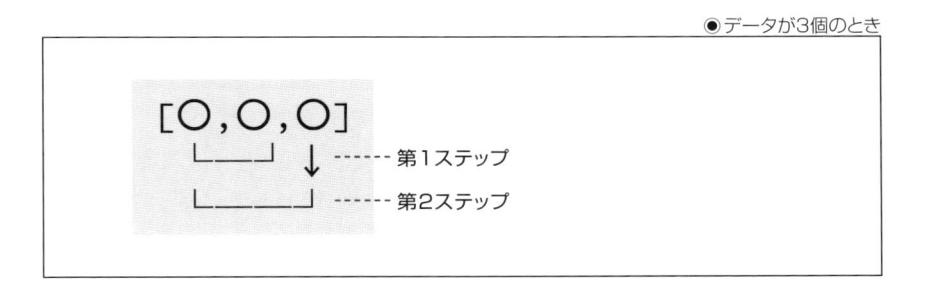

第1ステップで「└┘」で示した左と右をマージし、1つのペアができます。右端の断片は移動しません。第2ステップで左のペアと右の断片をマージします。

● データが5個のとき

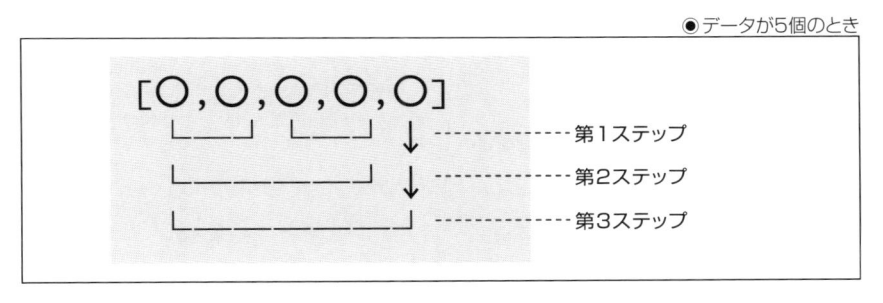

第1ステップで2つのペアができます。右端の断片は移動しません。第2ステップで左右のペアをマージします。このときも断片は移動しません。第3ステップで左のまとまりと断片をマージします。

● データ数が7のとき

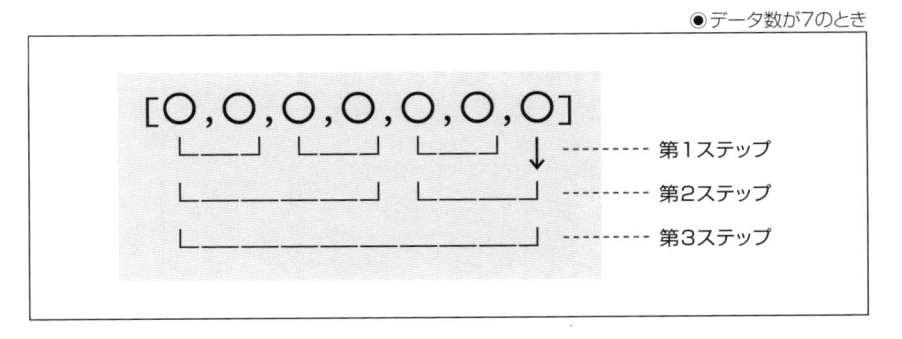

第1ステップで3つのペアができます。右端の断片は移動しません。第2ステップで左に4つのデータのまとまりと、右に3つのデータのまとまりができます。第3ステップで左右のまとまりをマージします。

COLUMN
ゲームのアルゴリズム② : 素早さ順に行動する

◆ゲームに使われるソートアルゴリズム

　前の章のコラムで、ロールプレイングゲーム（RPG）と呼ばれるジャンルで、体力の少ないメンバーが敵に狙われるという状況を探索（サーチ）によって実現できることを説明しました。

　RPGのキャラクターには一般的に「素早さ」や「俊敏さ」というパラメーターが設定され、その値が大きなものから順に行動します。たとえばパーティーメンバーの勇者の素早さが200で、遭遇した魔物の素早さが300の場合、敵が先に行動を起こします。パーティーメンバーと敵のグループが入り乱れて戦うときも、素早さ順にキャラクターが行動します。この「素早さ順に行動する」という処理はソートのアルゴリズムによって実現します。

◆サンプルプログラムを確認する

　次のキャラクター達が戦うとします。パーティーメンバーは勇者、神官、武闘家の3人、敵のグループはスライム、ゴブリン、ウルフの3体で、それぞれ素早さは次の表の値とします。

●ゲームのキャラクターの素早さ

番号	0	1	2	3	4	5
職業／種族	勇者	神官	武闘家	スライム	ゴブリン	ウルフ
素早さ	200	100	240	60	120	300

　これらのキャラクターを素早さ順に並べるプログラムを確認します。

SAMPLE CODE 「Chapter7」→「sort_character.py」

```
 1: job = ["勇者", "神官", "武闘家", "スライム", "ゴブリン", "ウルフ"]
 2: speed = [200, 100, 240, 60, 120, 300]
 3: order = [0] * 6 # 順番を決めるための配列
 4:
 5: for i in range(6):
 6:     order[i] = speed[i] * 10 + i
 7: order.sort(reverse=True) # 降順にソート
 8:
 9: for i in range(6): # 行動の順番を出力
10:     n = order[i] % 10
11:     print(job[n], end="→")
```

実行結果は次の通りです。

> **ウルフ→武闘家→勇者→ゴブリン→神官→スライム→**

3行目の `order[]` という配列を使って素早さ順に並べます。

5～6行目の変数 `i` を用いた `for` 文で `speed[i]` を10倍して `i` の値を加えたものを `order[i]` に代入します。これは素早さの10倍にキャラクターの番号を足した値です。

7行目の `order.sort(reverse=True)` で、Pythonの `sort()` を使って、`order[]` の中身を降順（大→小の順）に並べ替えます。

`order[]` の1桁目にキャラクターの番号が代入されています。9～11行目の `for` 文と `n=order[i]%10` で、その番号を `n` に代入し、`job[n]` を出力します。これで素早さの大きなキャラクターから順に表示されます。

キャラクターの数が10体以上、100体未満なら、6行目を `order[i] = speed[i] * 100 + i` とし、10行目を `n = order[i] % 100` とします。

CHAPTER
08
計算量

>>> **本章の概要**

　この章では、計算量とアルゴリズムの性能について学びます。
手法の異なるソートの計算量を比較して、計算量とアルゴリズム
についての理解を深めます。

計算量とランダウの記号

この節では、計算量とランダウの記号について説明します。

🔷 計算量について

プログラムを実行する際、ある処理を完了するために必要な計算回数やメモリの使用量を**計算量**と呼びます。計算量には大きく分けて2つの種類があります。

◆ 時間計算量

時間計算量はアルゴリズムの処理が完了するまでに必要な計算回数を指します。

◆ 空間計算量

空間計算量は処理の実行中に使用するメモリの量を指します。

本書では取り上げられる機会の多い時間計算量について学びます。以後、特に断りがない場合、計算量という言葉は時間計算量を指すものとします。

🔷 アルゴリズムにより計算量が異なる

同じ問題を解く複数のアルゴリズムがあります。最終的に得られる結果は同じでも、アルゴリズムが違えば計算に必要な回数が異なります。

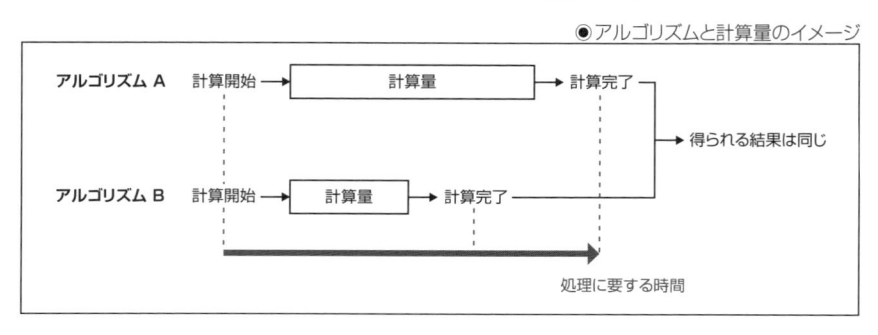

●アルゴリズムと計算量のイメージ

計算量が少なければ、一般的に処理は速くなります。計算量はアルゴリズムの性能を知る手掛かりになります。

🎲 ランダウの記号とは

　計算量を一定のルールで表せば、アルゴリズムの性能を比較しやすくなります。そのルールに用いる記号が**ランダウの記号**「**O**」です。この記号を使って、計算量を$O(n)$や$O(n^2)$のように表します。これを**オーダー記法**や**ビッグ・オー記法**（Big-O記法）と呼びます。

🎲 オーダー記法が意味するもの

　オーダー記法が何を意味するのかを、次の1次関数と2次関数のグラフを使って説明します。

$$y = 5x \qquad \cdots\cdots ①$$

$$y = \frac{1}{2}x^2 \qquad \cdots\cdots ②$$

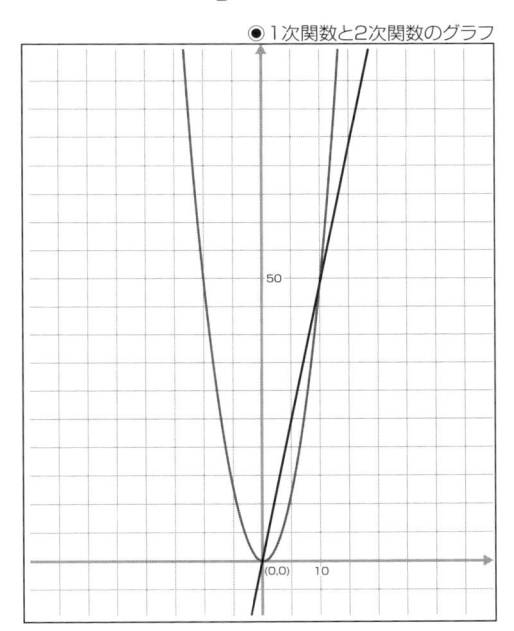

●1次関数と2次関数のグラフ

　②の2次関数はxが10以上になると、①の1次関数よりyの値がどんどん大きくなります。グラフからもわかるように、xの値が増えると2つの式のyの値の差は大きく広がっていきます。

　ここで、2次関数$y = x^2 + 100x + 10000$を考えてみます。この式には、2次の項x^2、1次の項$100x$、定数項10000の3つの部分があります。

xが小さいうちは1次の項や定数項が無視できない影響を与えますが、xが100を超えると2次の項x^2の値が1次の項や定数項を上回ります。たとえば、$x = 200$の場合、次のようになります。

- 2次の項は$200^2 = 40000$
- 1次の項は$100 \times 200 = 20000$
- 定数項は10000

これにより関数全体の値に占めるx^2の値が大きいことがわかかります。xが十分大きいと、2次の項で計算される値が関数全体を支配するようになり、この関数の挙動は$y = x^2$に近付きます。これをランダウの記号を使って$y = \mathrm{O}(x^2)$と表します。

オーダー記法を使うと、xが大きくなったときの関数を、細かい項を省略した単純な式で表せるので、式の挙動が捉えやすくなります。

補足として数学で式の挙動を捉えるとき、xが十分小さくなる場合を考えることもあります。しかし、コンピューターのプログラムでは扱うデータの数が多いときの処理時間などを予測することが重要です。そこでxが大きくなる場合を考えます。

🔷 オーダー記法を用いた計算量の大小関係

アルゴリズムの性能を比較する際に用いるオーダー記法には、次の大小関係があります。

$$\mathrm{O}(1) < \mathrm{O}(\log_2 n) < \mathrm{O}(n) < \mathrm{O}(n \log_2 n) < \mathrm{O}(n^2) < \mathrm{O}(n^3) < \mathrm{O}(2^n) < \mathrm{O}(n!)$$

これを**計算量オーダー**と呼びます。このオーダーの左に位置する計算量のアルゴリズムは、通常、高速に処理され、右にいくほど処理時間が掛かります。たとえばアルゴリズムAの計算量が$\mathrm{O}(n^2)$、アルゴリズムBが$\mathrm{O}(n)$の場合、通常、AよりBのほうが高速に処理できます。

ただし、計算量オーダーはアルゴリズムの性能を比較する際の目安であり、すべての処理に掛かる時間が、この順番通りになるわけではりません。アルゴリズムの処理速度はデータの分量や種類などから影響を受けるため、場合によっては計算量オーダーが小さなものより大きなアルゴリズムのほうが高速に動作することもあります。

SECTION-42

計算量の目安

この節では、計算量について、処理の具体例を挙げて説明します。

🔹 O(1)

O(1)はデータ量が増えても計算回数が一定であることを意味します。アルゴリズムの計算量を評価する際、O(1)は最も高速な処理になります。

どのような処理がO(1)かを、1からnまでの整数の合計を求める関数を使って説明します。

SAMPLE CODE 「Chapter8」→「addup_1.py」

```
1: def addup(n):
2:     a = int((1 + n) * n / 2)
3:     return a
4:
5: for i in range(1, 11):
6:     a = addup(i)
7:     print("1から", i, "までの合計", a)
```

実行結果は次の通りです。

```
1から 1 までの合計 1
1から 2 までの合計 3
1から 3 までの合計 6
1から 4 までの合計 10
1から 5 までの合計 15
1から 6 までの合計 21
1から 7 までの合計 28
1から 8 までの合計 36
1から 9 までの合計 45
1から 10 までの合計 55
```

1～3行目に、1 から引数 n までの整数の合計を求める addup() という関数を定義しています。

5～7行目の変数 i を用いた for 文で addup(i) により答えを求め、1 から i まで足した数を出力します。

この *addup()* 関数は `a = int((1 + n) * n / 2)` という式で `1` から `n` まで足し合わせた合計を求めます。 `n` にどんな数を与えようと、1回の計算で答えを出します。このような処理をO(1)と表します。

なお、1からnまでの合計は、nが偶数でも奇数でも$(1 + n) \times n \div 2$という計算で求まります。

◉ 1からnまでの合計を求めるイメージ

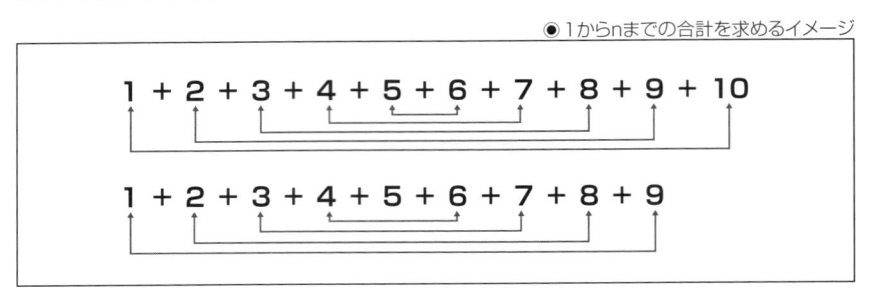

🎲 O(n)

1からnまでの整数の合計を求める計算を、前の関数と異なる、次のような処理で行うことができます。

SAMPLE CODE 「Chapter8」→「addup_2.py」

```
1: def addup(n):
2:     a = 0
3:     for i in range(1, n + 1):
4:         a = a + i
5:     return a
6:
7: for i in range(1, 11):
8:     a = addup(i)
9:     print("1から", i, "までの合計", a)
```

実行結果は前の `addup_1.py` と一緒です。

こちらの *addup()* 関数は、`a` という変数に `0` を代入し、3～4行目の `for` 文で `a` に `1` から `n` までの整数を足して答えを出します。この処理は `n` の値に比例して足し算を繰り返します。このような処理をO(n)と表します。

`addup_1.py` と `addup_2.py` に定義した関数は、1からnまでの整数を足した答えを求める問題を解くアルゴリズムです。どちらの関数でも得られる結果は一緒ですが、計算回数に違いがあります。 `addup_1.py` と `addup_2.py` を比べた場合、`addup_1.py` の関数のほうが性能がよいといえます。

🔲 O(n²)

二重ループの繰り返しで、外側の `for` が `n` 回繰り返す間、内側の `for` も `n` 回、もしくは、`n` に準じた回数繰り返すなら、およそ$n \times n$回の処理が行われます。そのようなプログラムの計算量を$O(n^2)$と表します。この処理の具体例として、前の章で学んだバブルソートがあります。

SAMPLE CODE 「Chapter7」→「bubble_sort_1.py」(175ページ参照)

```python
 1: data = [9, 5, 6, 2, 1]
 2: n = len(data)
 3: print("データの数", n)
 4: print(data, "元のデータ")
 5:
 6: for i in range(0, n-1):
 7:     for j in range(n-1, i, -1):
 8:         if data[j-1]>data[j]:
 9:             data[j], data[j-1] = data[j-1], data[j]
10:
11: print(data, "ソート後")
```

🔲 O(n³)

3つの `for` が入れ子になる多重ループで行う処理の計算量が$O(n^3)$になります。

●多重ループの例

```python
for i in range(n):
    for j in range(n):
        for k in range(n):
            処理
```

この例では変数 `i` 、`j` 、`k` を用いた、それぞれの繰り返し回数を最大 `n` としています。 `j` や `k` の繰り返し回数が `n` 未満でも、それらの回数が `n` に応じて増えるなら、その計算量は$O(n^3)$です。また、二重ループの `for` の中に `while` が入り、`while` の繰り返しが外側の `for` の繰り返し回数に応じて増えるような処理も$O(n^3)$です。

ただし、3つの入れ子の繰り返しが必ず$O(n^3)$になるわけではありません。どのような場合が$O(n^3)$にならないかを後述します。

● O(log₂n)

計算量がO($\log_2 n$)の有名なアルゴリズムは、CHAPTER 06で学んだ二分探索です。たとえば 1, 8, 4, 7, 3, 2, 6, 5 という8個のデータからキーを探す探索回数は最大3回です。また、10, 12, 1, 7, 4, 11, 14, 15, 3, 8, 2, 16, 13, 9, 6, 5 という16個のデータからキーを探す探索回数は最大4回です。二分探索でn個のデータからキーを探す際、それを見つけるか、存在しないとわかるまでの探索回数は**対数**の記号**log**を用いて$\log_2 n$になります。

プログラミングの分野ではO($\log_2 n$)の2を省略してO($\log n$)と表記することもあります。

対数について補足します。aを1以外の正の数とし、Nを正の実数とします。このとき、$N = a^b$を満たす実数bが1つ存在します。このbをaを底とするNの対数といい、$b = \log_a N$と表します。

● O(2ⁿ)

ある数を複数回、掛け合わせることを**累乗**といいます。2^nは2をn回掛け合わせることを意味します。n個のデータを処理するのに2^n回の計算が必要なアルゴリズムの計算量をO(2^n)と表します。

たとえばn個の要素からなる集合の部分集合は2^n個あります。集合Sのすべての部分集合を出力するアルゴリズムをプログラミングする場合、その処理の計算量がO(2^n)に当たります。

累乗の計算量はnの値が大きくなると飛躍的に増えます。参考にnが1、10、20、30、100のときのn、n^3、2^nの値を比較します。

● 累乗の計算回数の例

n	n³	2ⁿ
1	1	2
10	1000	1024
20	8000	1048576
30	27000	1073741824
100	1000000	1267650600228229401496703205376

Pythonでは `2 ** n` や `pow(2,n)` で累乗を求めることができます。

🔷 O(n!)

1からnまでのすべての整数を掛け合わせることを**階乗**（かいじょう）といいます。数学では階乗を$n!$と表します。

$n! = n \times (n-1) \times (n-2) \times (n-3) \times \cdots \times 3 \times 2 \times 1$になります。$n$が5なら$5! = 5 \times 4 \times 3 \times 2 \times 1 = 120$、$n$が10なら$10! = 10 \times 9 \times 8 \times 7 \times 6 \times 5 \times 4 \times 3 \times 2 \times 1 = 3628800$です。

たとえばn個の要素のすべての順列を出力する計算回数がこれに当たります。

階乗的に計算回数が増えるアルゴリズムは、累乗的な計算回数の処理よりも、さらに多くの計算が必要です。参考に2^nと$n!$の大きさを比較します。

●階乗の計算回数の例

n	2^n	n!
1	2	1
10	1024	3628800
20	1048576	2432902008176640000
30	1073741824	265252859812191058636308480000000

Pythonの標準ライブラリである `math` モジュールに階乗を計算する `factorial()` という関数が用意されています。使用するには `math` をインポートし、`math.factorial(n)` と記述します。

🔷 計算量を正しく理解する

多重ループで処理するアルゴリズムでも、O(n^2)やO(n^3)のような計算量にならないものがあります。たとえば次の二重ループで、負の数、0、正の数に関する計算を行うことを考えてみます。

```python
for n in range(-1, 2):
    if n == -1: print("負の数のときを調べます")
    if n == 0: print("0のときを調べます")
    if n == 1: print("正の数のときを調べます")
    for i in range(MIN, MAX):
        :
        :
```

この処理は扱うデータ数（内側の `for` 文の `MAX - MIN`）が2倍になると計算量は2倍に、データ数が3倍になれば計算量は3倍になります。このような計算量はO(n)です。

$\mathrm{O}(n^2)$にならないのは、外側の `for` はデータ量に関係なく、`n = -1`、`n = 0`、`n = 1` の3回だけ繰り返すからです。

平均計算量と最悪計算量について

いろいろな手法があるソートのアルゴリズムは、データの並び方によって計算量が変わります。たとえば処理するデータが、たまたま、はじめからほぼ昇順に並ぶなら、数か所を入れ替えるだけで並べ替えが完了します。

実際にはデータの並び方はさまざまで、少ない計算量で済むこともあれば、最大の回数まで計算しないと並び替えが完了しないこともあります。このように計算量はアルゴリズムの性能だけでなくデータの影響を受けます。

そこでさまざまなデータを処理するときの平均的な計算回数の**平均計算量**と、データによって最大どれくらいの計算が必要かという**最悪計算量**を考えることがあります。アルゴリズムは処理時間が重要であり、平均計算量を平均計算時間、最悪計算量を最悪計算時間と呼ぶこともあります。

01
02
03
04
05
06
07

08
計算量
09
10
11
12

ソートの計算量を比較する

挿入ソートと、それを改良したシェルソートの計算量を計り、アルゴリズムと計算量に関する理解を深めます。

🔷 計算量をどのように調べるか

計算量の調査では、アルゴリズムの効率を評価するために、比較回数(if 文)や変数への代入といった処理のステップ数を個別に数える場合があります。ただし、オーダー記法による計算量は、通常、大まかなデータ量nに対する計算回数を評価します。そこで本書では、データの入れ替え回数だけを数えて、どなたにも理解しやすい計算量の比較を行います。

補足として、処理全体の負荷や実際の実行時間などを詳しく調べる場合は、各ステップの具体的な回数を詳細に数えることもあります。

🔷 挿入ソートの入れ替え回数を数える

挿入ソートでデータを入れ替える回数を次のプログラムで数えます。CHAPTER 07で学んだ挿入ソートのプログラムを基に、初期データを乱数で用意します。そして、データを入れ替える回数を数える記述を追加しています。

SAMPLE CODE 「Chapter8」→「insert_sort_count.py」

```python
 1: import random
 2: n = 1000
 3: data = []
 4: for i in range(n):
 5:     data.append(random.randint(1, 99))
 6: print(n, "個のデータをソートします")
 7:
 8: cnt = 0
 9: for i in range(1, n):
10:     tmp = data[i]
11:     pos = i
12:     while pos > 0 and data[pos - 1] > tmp:
13:         data[pos] = data[pos - 1]
14:         cnt = cnt + 1
15:         pos = pos - 1
16:     data[pos] = tmp
```

▼

```
17:     cnt = cnt + 1                                              ▼
18:
19: print("挿入ソートの入れ替え回数", cnt)
```

実行結果は次のようになります（入れ替え回数は実行するたびに変わります）。

```
1000 個のデータをソートします
挿入ソートの入れ替え回数 249633
```

入れ替えるデータを乱数で作るので、1行目で random をインポートします。
2〜5行目で1000個のデータを乱数で用意します。

8行目の cnt という変数でデータの入れ替え回数を数えます。

9〜16行目が挿入ソートの処理です。13行目と16行目でデータを入れ替える際、cnt を1増やします。

データを乱数で用意するため、入れ替え回数は実行するたびに多少、変化しますが、1000個のデータをソートするのにおよそ25万回の入れ替えが必要であることがわかります。

🔹 データ数を変えて挿入ソートの計算量を調べる

挿入ソートは平均計算量、最悪計算量ともO(n^2)です。2行目の n を 1 、10 、100 、1000 、10000 に変え、データの入れ替え回数がどう変化するかを調べてみましょう。筆者が確認した結果は次の通りです。

●挿入ソートの計算量

n(データ数)	データの入れ替え回数
1	0
10	30
100	2726
1000	248410
10000	24993091

※nを大きな値すると、パソコンのスペックによっては、結果が出力されるまでに時間が掛かります。

挿入ソートはデータ数が1桁増えると、計算量はおよそ2桁増加することがわかります。O(n^2)の処理における計算回数は、データの増加に伴って、計算量がこのような増え方をします。

● シェルソートの入れ替え回数を数える

CHAPTER 07のシェルソートのプログラムを基に、初期のデータを乱数で用意し、データの入れ替え回数を数える記述を追加して、計算量を確認します。

SAMPLE CODE 「Chapter8」→「shell_sort_count.py」

```python
 1: import random
 2: n = 1000
 3: data = []
 4: for i in range(n):
 5:     data.append(random.randint(1, 99))
 6: print(n, "個のデータをソートします")
 7:
 8: cnt = 0
 9: gap = n // 2 # 最初の間隔を決める
10: while gap >= 1:
11:     for st in range(0, gap): # グループごとに挿入ソートする
12:         for i in range(st + gap, n, gap):
13:             tmp = data[i]
14:             pos = i - gap
15:             while pos >= 0 and data[pos] > tmp:
16:                 data[pos + gap] = data[pos]
17:                 cnt = cnt + 1
18:                 pos = pos - gap
19:             data[pos + gap] = tmp
20:             cnt = cnt + 1
21:     gap = gap // 2 # 間隔を狭める
22:
23: print("シェルソートの入れ替え回数", cnt)
```

実行結果は次の通りです。

```
1000 個のデータをソートします
シェルソートの入れ替え回数 13900
```

1～5行目で1000個のデータを乱数で用意します。

9～21行目がシェルソートの処理です。前の挿入ソートのプログラムと同様に、 cnt という変数でデータの入れ替え回数を数えます。

　挿入ソートは1000個のデータをソートするのに約25万回、入れ替えました。シェルソートは同じデータ数を約1万4000回の入れ替えでソートします。シェルソートのアルゴリズムは挿入ソートよりも計算量を大幅に減らせることがわかります。

💎 データ数を変えてシェルソートの計算量を調べる

　シェルソートの平均計算量はソートの間隔によって変化しますが、一般的に$O(n^{1.5})$や$O(n \log_2 n)$です。2行目の n を 1 、10 、100 、1000 、10000 に変えてデータの入れ替え回数を調べ、挿入ソートの入れ替え回数（208ページの表）と比較しましょう。

●シェルソートの計算量

n（データ数）	データの入れ替え回数
1	0
10	31
100	820
1000	13900
10000	214610

乱数を作るアルゴリズム

乱数を作るいろいろなアルゴリズムが考案されてきました。計算によって作られる乱数は、真の乱数と区別して**疑似乱数**と呼ばれます。このコラムでは、線形合同法という古くから知られる疑似乱数を作るアルゴリズムを紹介します。

◆線形合同法について

線形合同法は、次の漸化式を使って、あたかも乱数が並ぶような数列を作ります。**漸化式**とは、数列の要素の間に成り立つ関係を定めた式のことです。

$$a_0 = 0$$
$$a_{n+1} = (B * a_n + C) \% M$$

数学では初項をa_1としますが、プログラムでは初めに並ぶものを0番と数えるので、ここでは初項を a_0 としています。

この漸化式の `B` 、`C` 、`M` を、あるルールで定めると、数がばらばらに並ぶ数列が得られます。たとえば a_0 を `0` 、`B` を `13` 、`C` を `1` 、`M` を `16` にすると、次の数列が作られます。

$$0, 1, 14, 7, 12, 13, 10, 3, 8, 9, 6, 15, 4, 5, 2, 11,$$
$$0, 1, 14, 7, 12, 13, 10, 3, 8, 9, 6, 15, 4, 5, 2, 11, \ldots$$

この数列は$0, 1, 14, 7, 12, 13, 10, 3, 8, 9, 6, 15, 4, 5, 2, 11$という数の並びが延々と繰り返されます。数列の繰り返しがわかりやすいように周期を16としましたが、たとえば `B = 109` 、`C = 1021` 、`M = 65536` とすると、0から65535までの数がばらばらに並ぶ周期65536の数列を得ることができます。

線形合同法は1回の計算で乱数を得られるので、その計算量はO(1)です。

◆乱数の種について

　初項を定めると数列に並ぶ数が決まります。線形合同法で作る疑似乱数の数列も、漸化式の B 、 C 、 M の値を変えない限り、初項によって並ぶ数が決まります。その初項が**乱数の種**と呼ばれる、乱数の計算の元になる値です。

◆質の高い乱数を得られるアルゴリズムがある

　線形合同法は古い時代に考案されたアルゴリズムで、簡単な式で乱数を作れる利点があります。しかし、短い周期で同じ数列が繰り返されるなどの欠点もあります。現在では日本人の数学者が考案したメルセンヌ・ツイスタ法などの、より質の高い疑似乱数を生成できるアルゴリズムが採用される機会が増えています。

　乱数生成アルゴリズムについて興味を持たれた方は、「乱数 アルゴリズム」などで検索すると情報を得ることができます。

CHAPTER

09

ハッシュ

≫≫≫ **本章の概要**

データを計算式で変換して作るハッシュという値があります。ハッシュはデータ管理やセキュリティの分野などで使用されます。この章では、ハッシュでデータを管理する方法を学びます。

ハッシュ関数を自作する

この節では、ハッシュについて説明し、簡単なハッシュ関数を自作します。

🧊 ハッシュの概要

ハッシュとは、特定の計算式を用いてデータを変換し、生成した値を指します。この変換を行うための関数を**ハッシュ関数**といいます。計算式や関数によりデータを変換した結果を**ハッシュ値**といいます。

ハッシュ値を単に**ハッシュ**と呼ぶこともあります。本書では関数と値を明確に区別するために、ハッシュ関数で生成する値をハッシュ値と呼びます。

ハッシュ値は、通常、元のデータより小さな固定サイズの値になります。ただし、暗号学的ハッシュ関数では、これに当てはまらないことがあり、最後の節で説明します。

データ管理にハッシュ値を用いると、高速なデータアクセスが可能になります。また、ハッシュは応用範囲の広いアルゴリズムで、情報セキュリティ分野(例：データの改ざん防止、パスワードのハッシュ化など)でも活用されます。セキュリティ分野で使用されるハッシュ関数について、最後の節で説明します。

🧊 英単語をハッシュ値に変換する

ハッシュ値が具体的にどのようなものかを、apple、bird、catという3つ英単語を使って説明します。

アルファベットにa = 0、b = 1、c = 2、‥‥ x = 23、y = 24、z = 25と番号を割り振ります。

●アルファベットに番号を付ける

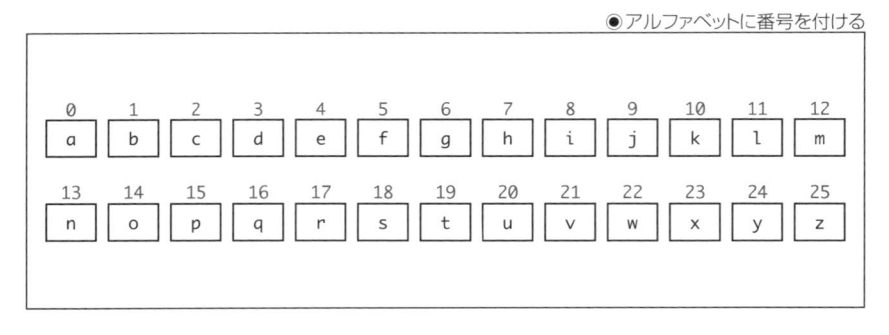

01
02
03
04
05
06
07
08
09
ハッシュ
10
11
12

それぞれの単語のアルファベットを、この番号に置き換えて足し合わせます。

```
・apple = 0(a) + 15(p) + 15(p) + 11(l) + 4(e) = 45
・bird  = 1(b) + 8(i) + 17(r) + 3(d) = 29
・cat   = 2(c) + 0(a) + 19(t) = 21
```

これらの値をアルファベットの文字数の26で割り、余りを求めます。

```
・apple 45 % 26 = 19
・bird  29 % 26 =  3
・cat   21 % 26 = 21
```

以上の計算により、あらゆる英単語が0〜25のいずれかの値に変換されます。これがハッシュ値の例です。

補足として、ここではわかりやすいようにaを0としましたが、aという文字にはアスキーコードで97という番号が割り当てられています。

英単語をハッシュ値に変換するプログラム

説明した方法で英単語をハッシュ値に変換するプログラムを確認します。

SAMPLE CODE 「Chapter9」→「my_hash_1.py」

```
1: def my_hash(s):
2:     a = 0
3:     for i in s: # 1文字ずつ取り出す
4:         a = a + ord(i) - 97 # aを0とする
5:     return a % 26 # ハッシュ値を0〜25とする
6:
7: word = ["apple", "bird", "cat"]
8: for w in word:
9:     print(w, my_hash(w))
```

実行結果は次の通りです。

```
apple 19
bird 3
cat 21
```

1～5行目にハッシュ値を作る my_hash() というハッシュ関数を定義しています。この関数は引数の文字列から1文字ずつ取り出し、a = 0、b = 1、c = 2 ‥‥ y = 24、z = 25 として、すべての文字を足し合わせます。そして、その合計を 26 で割った余りを返します。

4行目の ord() は引数のユニコードを返す関数です。半角文字はアスキーコードとユニコードで共通の値です。

なお、Pythonにはハッシュ値を生成する hash() という関数があります。ハッシュ関数を自作する際は hash() 以外の関数名にしましょう。

● ハッシュテーブルについて

ハッシュの用途として**ハッシュテーブル**があります。ハッシュテーブルの利用法を、人の名前と携帯電話の番号を管理することを例に説明します。

人々が1台ずつ携帯電話を持つとしましょう。もし、すべての名前と電話番号を代入する配列をあらかじめ用意しようとすると、名前も電話番号も無数にあるので、膨大な量のメモリーが必要になります。しかし、名前からハッシュ値を作り、その値で名前と電話番号を管理すると、一定量のメモリーでデータ管理が可能になります。

● 名前と電話番号の例

名前(キー)	電話番号(バリュー)	ハッシュ値
青山みどり	000-0000-0000	637
池田怜雄	010-1111-1111	944
上原沙織	020-2222-2222	526
江口隆	030-3333-3333	752
大塚美紀	040-4444-4444	95

この表のハッシュ値は、次の自作のハッシュ関数で名前を変換したものです。このハッシュ関数は前の my_hash_1.py の4行目と5行目を変更したものです。変数 a にユニコードをそのまま足します。ハッシュ値は0～999としています。

SAMPLE CODE 「Chapter9」→「my_hash_2.py」

```
1: def my_hash(s):
2:     a = 0
3:     for i in s: # 1文字ずつ取り出す
4:         a = a + ord(i) # ユニコードを足し合わせる
5:     return a%1000 # ハッシュ値を0～999とする
6:
```

```
7: word = ["青山みどり", "池田怜雄", "上原沙織", "江口隆", "大塚美紀"]    ▼
8: for w in word:
9:     print(w, my_hash(w))
```

実行結果は次の通りです。

```
青山みどり 637
池田怜雄 944
上原沙織 526
江口隆 752
大塚美紀 95
```

このハッシュ値を使って、名前を `name[]` という配列、電話番号を `tel[]` という配列で管理します。具体的には `name[637]` = `"青山みどり"`、`tel[637]` = `"000-0000-0000"` と、ハッシュ値を添え字にしてデータを代入します。

この例ではハッシュ値を0～999としたので、データを管理するのに必要な配列の要素数は1000で済みます。

このようにハッシュを使用して、データのセット（キーとバリュー）を管理する仕組みが**ハッシュテーブル**です。ハッシュテーブルを**ハッシュ表**と呼ぶこともあります。キーとバリューについては後の節で説明します。

🧊 ハッシュテーブルを用いた検索の計算量

ハッシュテーブルによるデータ検索で、検索に必要なハッシュ値を作る時間は、使用する計算式（ハッシュ関数）によりますが、一般的に極めて短時間で済みます。また、ハッシュテーブルからデータを取り出す際は、ハッシュ値のインデックスに格納されているデータを参照するだけです。そのためハッシュテーブルを用いると、データ検索を極めて高速に行うことができます。

ハッシュテーブルでデータを管理する際の計算量はO(1)です。ハッシュの生成とデータの参照の2つのステップがありますが、それらを合わせてO(2)とはせず、計算式1つで完結するような処理はO(1)とします。ただし、この後、説明するハッシュの衝突が発生した場合は、O(n)の計算量になることもあります。

🎲 ハッシュの衝突について

　ハッシュ値を用いてデータを管理する際、**ハッシュの衝突**が起きることがあります。衝突とはどのようなものかを、英単語からハッシュ値を作る例で説明します。

　アルファベットに番号を割り振り、単語のすべての文字の値を足してハッシュ値を作る214ページの方法で、doorとseaという英単語は、次のように同じハッシュ値になります。

```
door = 3(d) + 14(o) + 14(o) + 17(r) = 48、48 % 26 = 22
sea = 18(s) + 4(e) + 0(a) = 22、22 % 26 = 22
```

　215ページの `my_hash_1.py` に、`word = ["apple", "bird", "cat", "door", "sea"]` と英単語を追記すると、この値を確認できます。

　このように、別々の入力値から同じハッシュ値ができることがあります。これがハッシュの衝突です。

　人の名前でもまったく異なる名から同じハッシュ値が作られることがあります。ハッシュによるデータ管理は衝突を回避して行う必要があります。後の節で衝突を回避する方法を説明します。

Pythonの辞書を利用する

Pythonには辞書というデータ構造があります。この節では、辞書を用いたプログラムで、ハッシュテーブルによるデータ管理について理解します。

🔹 辞書の概要

Pythonに備わる**辞書**（dictionary）というデータ構造について説明します。配列の添え字は0以上の整数ですが、**辞書型のデータ構造では、文字列を添え字にしてデータを格納**します。辞書によるデータ管理で使用する添え字を**キー**（key）といい、そのキーに対応するデータを**バリュー**（value）といいます。

辞書型の使い方の基本は、キーとバリューをセットで記憶し、キーを指定して値を取り出すことです。たとえば筆者の名前を使用し、`tel = {"廣瀬豪" : "111-1111-1111"}` と記述して、キーとバリューがセットになった辞書を用意します。これで `tel["廣瀬豪"]` の値が `"111-1111-1111"` になります。

補足として、Pythonの辞書型の定義で `tel = {'キー' : 'バリュー'}` とシングルクォートを用いることもありますが、本書で文字列を扱うときは、ダブルクォートを用いるように統一しています。

🔹 辞書型で複数のデータを管理する

辞書でデータを管理するプログラムを確認します。5人分の名前と電話番号を保持します。名前を入力すると、その人の電話番号を出力します。何も入力せずに「Enter」キーを押すと終了します。

SAMPLE CODE 「Chapter9」→「dictionary_name_tel.py」

```
1: tel = {
2:     "鈴木昇" : "111-1111-1111",
3:     "山田桃花" : "222-2222-2222",
4:     "田中賢一" : "333-3333-3333",
5:     "佐藤美咲" : "444-4444-4444",
6:     "ジョンスミス" : "555-5555-5555"
7: }
8:
9: while True:
10:     name = input("名前を入力してください ")
```

```
11:    if name == "":
12:        break
13:    if name in tel:
14:        print(name, tel[name])
15:    else:
16:        print("その名前は辞書に登録されていません")
```

実行結果は次のようになります。

```
名前を入力してください 鈴木昇
鈴木昇 111-1111-1111
名前を入力してください ジョンスミス
ジョンスミス 555-5555-5555
名前を入力してください 佐藤勉
その名前は辞書に登録されていません
名前を入力してください
```

1～7行目で辞書型のデータを定義します。

9～16行目の `while True` で処理を繰り返します。 `while` 文の条件式を常に値が成り立つ `True` とすると、`while` のブロックの処理が延々と繰り返されます。

10行目で名前を入力し、`name` という変数に代入します。何も入力しなければ11～12行目の `if` 文と `break` で `while` を中断します。

13行目の `if name in tel` という条件分岐で、入力したキーが辞書型の `tel` に存在するかを判断します。キーが存在すれば、それに対応したバリューを14行目で出力します。キーがない場合は、その名前が登録されていない旨のメッセージを出力します。

● 辞書とハッシュによるデータ管理の違い

辞書型はキーを添え字にしてデータ（バリュー）を管理するデータ構造です。その機能はハッシュテーブルによるデータ管理に近いものです。ただし、ハッシュテーブルでは、ハッシュ値を計算するハッシュ関数を用意し、キーから求めたハッシュ値を添え字としてデータを管理します。この違いを図解します。

●辞書とハッシュの違い

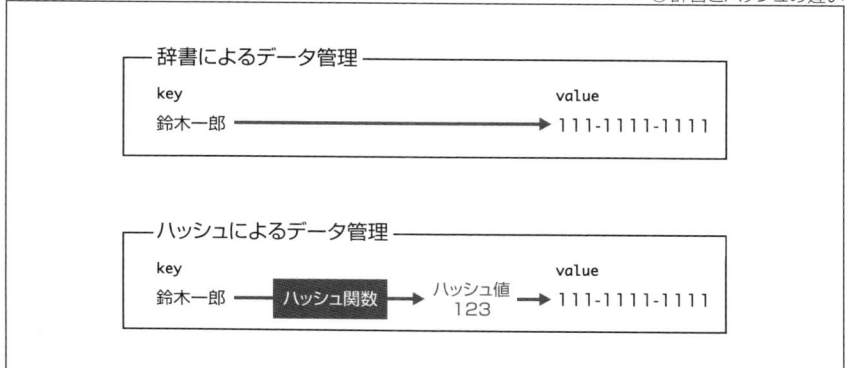

辞書によるデータ管理

key   value
鈴木一郎 ─────────────────────→ 111-1111-1111

ハッシュによるデータ管理

key   ハッシュ値   value
鈴木一郎 ─→ ハッシュ関数 ─→ 123 ─→ 111-1111-1111

ハッシュテーブルで
データを管理する

　ハッシュテーブルでデータを管理するプログラムを自作し、ハッシュへの理解を深めます。

🔷 文字コードについて

　文字コードからハッシュ値を作るハッシュ関数を自作し、その関数を使ってハッシュテーブルによるデータ管理を行います。ここで文字コードについて復習します。

　コンピューターで扱う文字には番号が割り振られており、文字と、その番号の対応を**文字コード**といいます。有名な文字コードにアスキーコードとユニコードがあります。

　アスキーコード(ASCII)は多くのコンピューター機器で使われる標準的な文字コードです。このコードは0〜127の7bitの値で文字を扱いますが、実質的に半角1文字を1byte(8bit)で扱うことになります。アスキーコードで半角スペースは32、「!」は33、数字の「0」〜「9」は48〜57、大文字の「A」〜「Z」は65〜90、小文字の「a」〜「z」は97〜122という値です。

　ユニコード(Unicode)は世界中の国々で使われるさまざまな文字が登録された文字コードです。たとえば全角の「あ」は12354、全角の「1」は65297になります。

　半角の数字やアルファベットは、アスキーコードとユニコードで共通の値です。

　Pyhonの `ord()` という関数で文字のユニコードを取得できます。また、`chr()` という関数の引数にユニコードを与えると、そのコードの文字を知ることができます。たとえば `print(char(33))` とすると ! が出力され、`print(chr(12356))` で "い" が出力されます。

● ハッシュテーブルによるデータ管理

この後、自作するプログラムは次のようなハッシュテーブルでデータを管理します。

●ハッシュテーブル

ハッシュ値	キー	バリュー
0	None	None
1	None	None
2	None	None
3	None	None
4	None	None

動作を確認しやすいように、格納できるデータの数を5つに限定し、ハッシュ値を0から4とします。

key[] という配列に名前(キー)を代入し、value[] という配列に電話番号(バリュー)を代入します。

None は何もないことを意味するPythonの値です。キーが None なら、そこには何も格納されていないものとします。

● ハッシュテーブルの自作例

入力した名前と電話番号をハッシュテーブルに格納するプログラムを確認します。実行して名前と番号をいくつか入力しましょう。何も入力せずに「Enter」キーを押すと次に進むので、検索する名前を入力します。次ページの実行結果も参考に動作を確認しましょう。

SAMPLE CODE 「Chapter9」→「hash_table_1.py」

```python
 1: HASH = 5
 2: key = [None] * HASH
 3: value = [None] * HASH
 4:
 5: def my_hash(k):
 6:     a = 0
 7:     for i in k:
 8:         a = a + ord(i)
 9:     return a % HASH
10:
11: while True:
12:     name = input("登録する名前を入力してください ")
13:     if name == "":
14:         break
```

▼

```
15:     tel = input("電話番号を入力してください ")
16:     h = my_hash(name)
17:     key[h] = name
18:     value[h] = tel
19:     print("ハッシュ値", h, "登録しました")
20:
21: print(key)
22: print(value)
23:
24: while True:
25:     name = input("検索する名前を入力してください ")
26:     if name == "":
27:         break
28:     h = my_hash(name)
29:     if key[h] == name:
30:         print(name, "さんの電話番号", value[h])
31:     else:
32:         print("その名前は登録されていません")
```

実行結果は次のようになります。

```
登録する名前を入力してください 鈴木真治
電話番号を入力してください 111-1111
ハッシュ値 1 登録しました
登録する名前を入力してください 久保田純子
電話番号を入力してください 222-2222
ハッシュ値 3 登録しました
登録する名前を入力してください 青山みどり
電話番号を入力してください 333-3333
ハッシュ値 2 登録しました
登録する名前を入力してください 福田幸一郎
電話番号を入力してください 444-4444
ハッシュ値 1 登録しました
登録する名前を入力してください
[None, '福田幸一郎', '青山みどり', '久保田純子', None]
[None, '444-4444', '333-3333', '222-2222', None]
検索する名前を入力してください 青山みどり
青山みどり さんの電話番号 333-3333
検索する名前を入力してください 福田幸一郎
福田幸一郎 さんの電話番号 444-4444
検索する名前を入力してください 鈴木真治
その名前は登録されていません
検索する名前を入力してください
```

1行目の `HASH` という定数で保持するデータの数を定義します。このプログラムではハッシュ値を `0` 〜 `HASH - 1` とします。

2行目の `key[]` に名前、3行目の `value[]` に電話番号を格納します。

5〜9行目がハッシュ関数の定義です。この `my_hash()` 関数は文字列の文字1つひとつのユニコードを足し合わせ、`HASH` で割った余りをハッシュ値として返します。

11〜19行目が名前と電話番号を入力してハッシュテーブルに格納する処理です。

21〜22行目で `key[]` と `value[]` の値を出力し、動作を確認しやすくします。

24〜32行目が名前を入力して電話番号を検索する処理です。

🧊 キーとバリューの格納を確認する

11〜19行目の `while` の処理について説明します。

12行目で名前を入力し、変数 `name` に代入します。その際、何も入力しなければ13〜14行目で `while` の処理を中断し、次へ進みます。

15行目で電話番号を入力し、変数 `tel` に代入します。

16行目の `h = my_hash(name)` で名前からハッシュ値を作り、変数hに代入します。

17行目で `key[h]` に `name` を代入し、18行目で `value[h]` に `tel` を代入します。19行目で `h` の値を出力し、どの要素に格納したかわかるようにしています。

🔹 ハッシュの衝突を確認する

　実行結果を元に、名前と電話番号を登録する際、ハッシュの衝突が起きたことを説明します。

1 鈴木真治のハッシュ値は1で、key[1]とvalue[1]に名前と電話番号を格納します。

2 久保田純子のハッシュ値は3で、key[3]とvalue[3]に名前と電話番号を格納します。

3 青山みどりのハッシュ値は2で、key[2]とvalue[2]に名前と電話番号を格納します。

4 福田幸一郎のハッシュ値は1で、key[1]とvalue[1]に名前と電話番号を格納します。

　4で、`key[1]` と `value[1]` にあった鈴木真治のデータが上書きされ、消えてしまいます。これが**ハッシュの衝突**です。

　このプログラムは衝突を回避していないので、鈴木真治と福田幸一郎を同時に管理できません。衝突を回避する方法を次の節で説明します。

🔹 データの検索を確認する

　24～32行目が名前を入力して電話番号を検索する処理です。

　25行目で名前を入力し、`name` という変数に代入します。何も入力せずに「Enter」キーを押した場合、`while` の繰り返しを中断して処理を終了します。

　28行目の `h = my_hash(name)` で名前からハッシュ値を作り、変数 `h` に代入します。

　29～30行目の `if` 文で、`key[h]` が入力した名前ならデータが登録されているので、その場合、`value[h]` に格納された電話番号を出力します。

　`key[h]` に名前が格納されていても、それが変数 `name` と一致しなければ、それは別人のデータです。その場合は32行目で、その名は登録されていないことを出力します。

ハッシュの衝突を回避する

　この節では、同一のハッシュ値が作られたときに衝突を回避する方法を説明します。そして、オープンアドレス法による衝突回避を、前の節のプログラムに組み込みます。

🔹 衝突を回避する2つの手法

　衝突を回避する代表的な手法にチェイン法とオープンアドレス法があります。それらを順に説明します。

◆ チェイン法

　チェイン法（連鎖法）は、データを格納する際に線形リスト（もしくはそれに準ずるデータ構造）を使用します。衝突が起きた場合、リストに新しいノードを追加してキーとバリューを格納します。この仕組みを図解します。

●チェイン法のイメージ

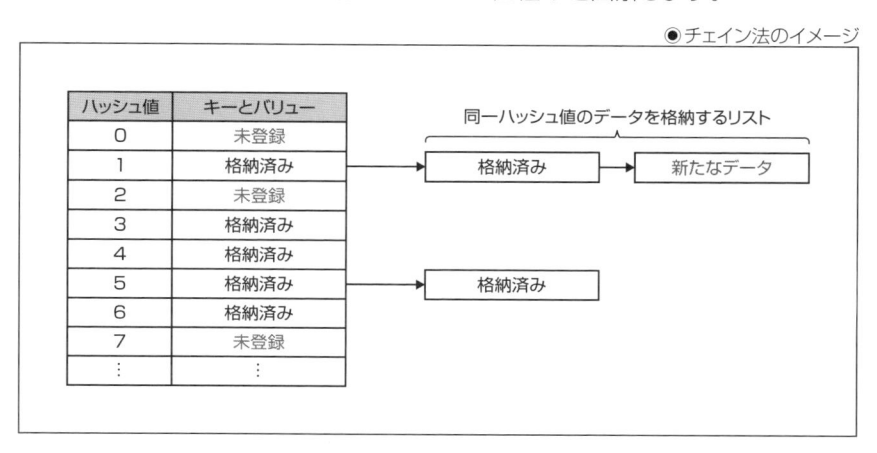

　この図は、ハッシュ値「1」のデータを3つ同時に保持し、ハッシュ値「5」のデータを2つ保持しています。

　新たなキーとバリューを格納する際、そのキーから作るハッシュ値が1になりました。そこにはすでにデータが格納されているので、リストを伸ばした先に新たなデータを格納することを表しています。

　このように線形リストを使うことで、同じハッシュ値を持つ複数のキーとバリューを同時に管理できます。

◆オープンアドレス法

オープンアドレス法(開番地法)は衝突が起きた場合、何らかの計算によってデータを格納できる新たな位置を探します。この仕組みを図解します。

●オープンアドレス法のイメージ

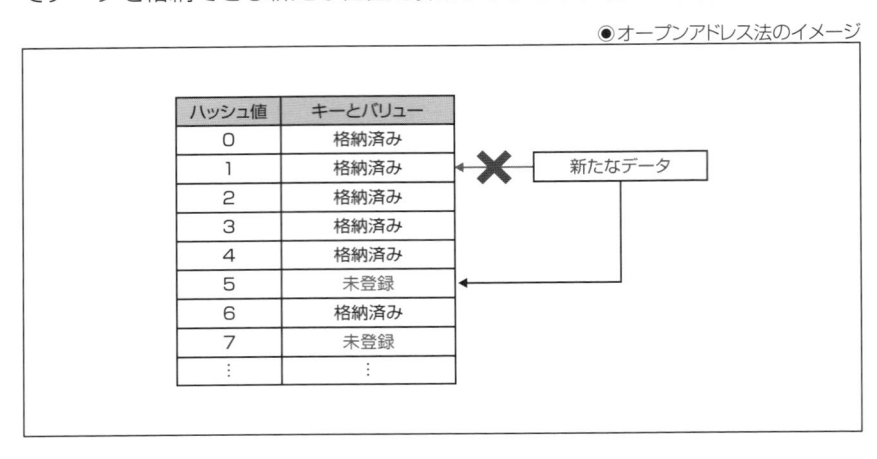

この図は、新たなデータを格納する際、ハッシュ値が「1」になり、そこにはすでにデータが格納されています。そこで、データを格納できる別の場所を探し、空いている5番に新たなデータを格納することを表しています。

オープンアドレス法で新たな格納場所を見つけることを**再ハッシュ**といいます。再ハッシュする簡単な方法は、衝突が発生したハッシュ値から1ずつ増やしながら、空いている場所を探すことです。この後、確認するプログラムに、その処理を組み込みます。

🍃 衝突を回避する処理を組み込む

前の節の `hash_table_1.py` に**再ハッシュ関数**(再ハッシュを行うための関数)を定義して、オープンアドレス法による衝突回避を組み込みます。

名前と電話番号をいくつか入力して登録し、何も入力せずに「Enter」キーを押して検索へ進み、検索する名前を入力して動作を確認しましょう。

SAMPLE CODE 「Chapter9」→「hash_table_2.py」

```
1: HASH = 5
2: key = [None] * HASH
3: value = [None] * HASH
4:
5: def my_hash(k):
```

▼

```
 6:     a = 0
 7:     for i in k:
 8:         a = a + ord(i)
 9:     return a % HASH
10:
11: def rehash(h, k):
12:     for i in range(HASH - 1):
13:         h = (h + 1) % HASH
14:         if k == None and key[h] == None:
15:             return h
16:         if k != None and key[h] == k:
17:             return h
18:     return -1
19:
20: while True:
21:     name = input("登録する名前を入力してください ")
22:     if name == "":
23:         break
24:     tel = input("電話番号を入力してください ")
25:     h = my_hash(name)
26:     if key[h] != None:
27:         h = rehash(h, None)
28:     if h == -1:
29:         print("データを格納できません(ハッシュテーブルが満杯です)")
30:     else:
31:         key[h] = name
32:         value[h] = tel
33:         print("ハッシュ値", h, "登録しました")
34:
35: print(key)
36: print(value)
37:
38: while True:
39:     name = input("検索する名前を入力してください ")
40:     if name == "":
41:         break
42:     h = my_hash(name)
43:     if key[h] != name:
44:         h = rehash(h, name)
45:     if h == -1:
46:         print("その名前は登録されていません")
47:     else:
48:         print(name, "さんの電話番号", value[h])
```

実行結果は次のようになります。

```
登録する名前を入力してください 鈴木真治
電話番号を入力してください 111-1111
ハッシュ値 1 登録しました
登録する名前を入力してください 久保田純子
電話番号を入力してください 222-2222
ハッシュ値 3 登録しました
登録する名前を入力してください 青山みどり
電話番号を入力してください 333-3333
ハッシュ値 2 登録しました
登録する名前を入力してください 福田幸一郎
電話番号を入力してください 444-4444
ハッシュ値 4 登録しました
登録する名前を入力してください 岡本美奈
電話番号を入力してください 555-5555
ハッシュ値 0 登録しました
登録する名前を入力してください 中川俊介
電話番号を入力してください 666-6666
データを格納できません(ハッシュテーブルが満杯です)
登録する名前を入力してください
['岡本美奈', '鈴木真治', '青山みどり', '久保田純子', '福田幸一郎']
['555-5555', '111-1111', '333-3333', '222-2222', '444-4444']
検索する名前を入力してください 鈴木真治
鈴木真治 さんの電話番号 111-1111
検索する名前を入力してください 福田幸一郎
福田幸一郎 さんの電話番号 444-4444
検索する名前を入力してください 中川俊介
その名前は登録されていません
検索する名前を入力してください 岡本美奈
岡本美奈 さんの電話番号 555-5555
検索する名前を入力してください
```

前の節の `hash_table_1.py` は、「鈴木真治」と「福田幸一郎」という名前を同時に登録できませんでした。一方、こちらのプログラムは衝突を回避することで、それらを同時に登録できるようになっています。

また、格納できる配列の要素数を超えるデータを登録しようとすると、データを格納できないことを知らせるようにしました。

なお、このプログラムは衝突の回避を理解できるように簡素に記述しており、同じ名前を2回以上入力したときの対応は行っていません。

🔹「rehash()」関数の処理を確認する

11〜18行目に `rehash()` という再ハッシュ関数を定義しています。この関数は引数 `h` でハッシュ値を受け取り、引数 `k` でキーを受け取ります。 `rehash()` 関数は次の2つの機能を持ちます。

- 引数「k」を「None」として呼び出すと、再ハッシュできる位置を探す（14〜15行目）。
- 引数「k」に名前を与えて呼び出すと、その名が格納されている位置を探す（16〜17行目）。

この関数は、受け取った `h` の値から1ずつ増やし、`key[h]` が引数 `k` と一致するかを調べます。一致すれば、その時点の `h` を返します。

13行目の `h = (h + 1) % HASH` で、受け取ったハッシュ値を1ずつ増やし、 `h` が `HASH` に達したら `0` に戻します。12行目の `for i in range(HASH - 1)` と、この式により、次の図のようにハッシュテーブルを一周する形でhの値を変化させます。

●ハッシュテーブルを一周する

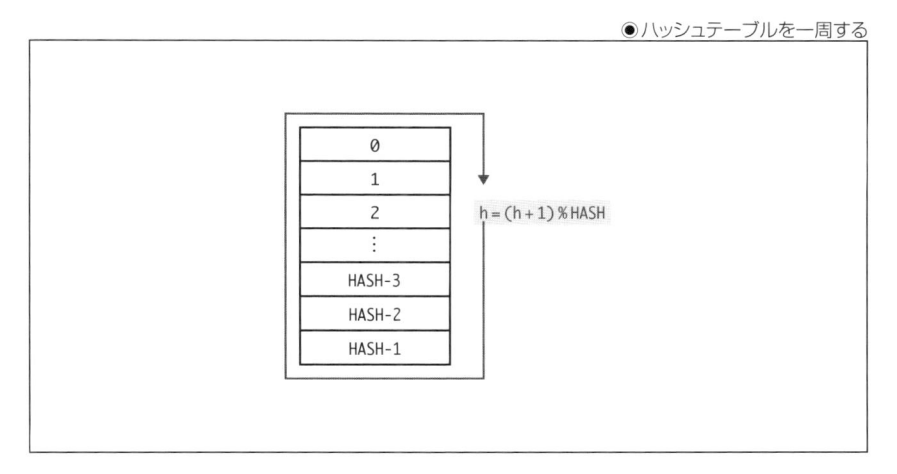

一周しても14行目と16行目の `if` 文の条件式が成り立たない場合、 `rehash()` 関数は `-1` を返します。

🔷 データの登録処理を確認する

20〜33行目が名前(キー)と電話番号(バリュー)を入力し、ハッシュテーブルに格納する処理です。前の節のプログラムを改良し、同一のハッシュ値が作られて衝突が起きた場合、26〜27行目で `rehash()` の引数 `k` に `None` を与えて呼び出し、再ハッシュする位置を探します。その際、戻り値が `-1` ならデータを格納できる空きがないので、ハッシュテーブルが満杯であることを出力し、データを格納しません。

🔷 データの検索処理を確認する

38〜48行目が入力した名前から電話番号を検索する処理です。

42行目の `h = my_hash(name)` で名前をハッシュ値に変換して変数 `h` に代入します。

43〜44行目で `key[h]` と `name` が一致しない場合、`h = rehash(h, name)` で再ハッシュした位置を `h` に代入します。

45〜48行目で `h` が `-1` ならデータが登録されていないので、その旨を出力します。`-1` でなければ登録されている電話番号を出力します。

暗号学的ハッシュ関数

この節では、情報セキュリティの分野などで使われる暗号学的ハッシュ関数について説明します。

📦 暗号学的ハッシュ関数とは

ハッシュ関数の中で情報セキュリティの用途に適するハッシュ値を作るように設計した関数が**暗号学的ハッシュ関数**です。暗号学的ハッシュ関数は、次のようなことに用いられます。

- ファイルや通信データの改ざん防止
- パスワードの検証、保護
- デジタル署名と電子認証
- 悪意のあるソフトウェアの検出
- ブロックチェーンと呼ばれる技術(例：暗号資産の管理)

暗号学的ハッシュ関数は任意の長さの入力データを、固定の長さのハッシュ値に変換します。入力データの大きさに制限はなく、巨大なファイルをまるごとハッシュ化することもできます。

暗号学的ハッシュ関数は、ハッシュ値から元の入力データを推測されないように設計されます。暗号学的ハッシュ関数で生成するハッシュ値に規則性はなく、元のデータが一部でも違えば、まったく別のハッシュ値が作られます。

📦 Pythonの暗号学的ハッシュ関数を利用する

Pythonは暗号学的なハッシュ値を作るための `hashlib` というモジュールを備えています。広く使われる暗号学的ハッシュ関数に**SHA**(Secure Hash Algorithm、セキュア ハッシュ アルゴリズム)という規格があります。この規格に属するSHA-256形式のハッシュ値を作るPythonのプログラムを確認します。実行し、文字列を入力して「Enter」キーを押すと、その文字列から生成したハッシュ値を出力します。

SAMPLE CODE 「Chapter9」→「secure_hash_algorithm.py」

```
1: import hashlib
2: print("入力した文字列からSHA-256のハッシュ値を生成します")
3: print("何も入力せずにEnterを押すと終了します")
4: while True:
```

▼

```
5:      s = input("文字列:")
6:      if s == "":
7:          break
8:      h = hashlib.sha256(s.encode()).hexdigest()
9:      print(h)
```

実行結果は次のようになります。

```
入力した文字列からSHA-256のハッシュ値を生成します
何も入力せずにEnterを押すと終了します
文字列:廣瀬豪
68a446b914621a09e2510beac520103f7d9543c55a1040d691c65a74517f68a8
文字列:広瀬豪
8be586aaaee234b67dc6a2985f1de1f170bb7fe70e312c7d888a354ca8c228d4
文字列:
```

筆者の名前である「廣瀬豪」と「広瀬豪」を確認しました。入力値が異なるとまったく別のハッシュ値になります。

1行目で `hashlib` モジュールをインポートします。

8行目の `h = hashlib.sha256(s.encode()).hexdigest()` で、入力した文字列のハッシュ値を変数hに代入します。 `sha256` を `sha512` にするとSHA-512のハッシュ値が作られます。

暗号学的ハッシュ関数は入力値を固定の長さに変換します。ここで確認した実行結果は、入力が全角3文字であるのに対し、出力されたハッシュ値は16進法で64文字分（256ビット）の長さです。SHA-256のハッシュ値は必ずこの長さになります。たとえば本書のすべての文章をSHA-256でハッシュ化することもできますが、その場合も16進法で64文字になります。

● 暗号学的ハッシュ関数は進化している

現代社会では、さまざまな機器や機械がネットワークでつながり、膨大なデータが日々やり取りされています。このような状況において、暗号学的ハッシュ関数は情報セキュリティの分野で重要な役割を果たしています。

これまでにいろいろな暗号学的ハッシュ関数が考案され、使用されてきました。一度、普及した規格であっても、時代の進展や技術の発展に伴って安全性が十分でないと判明し、より高い安全性を備えた新しい暗号学的ハッシュ関数が採用される状況が続いています。

CHAPTER
10
再帰

≫≫≫ **本章の概要**

　再帰と呼ばれる処理により実現するさまざまなアルゴリズムがあります。この章では、再帰の基本を解説した後、再帰を用いた複数のアルゴリズムを学んで再帰への理解を深めます。

再帰について

この節では、再帰の概要について説明し、簡単な再帰関数を定義して動作を確認します。

再帰とは

プログラミングにおける**再帰**とは、ある処理を行う関数が、その関数自身を呼び出すことで問題を解く手法を指します。このような呼び出しを**再帰呼び出し**といい、再帰的に処理を行うことを**再帰処理**といいます。再帰的に処理を行う関数を**再帰関数**と呼びます。

● 再帰関数のイメージ

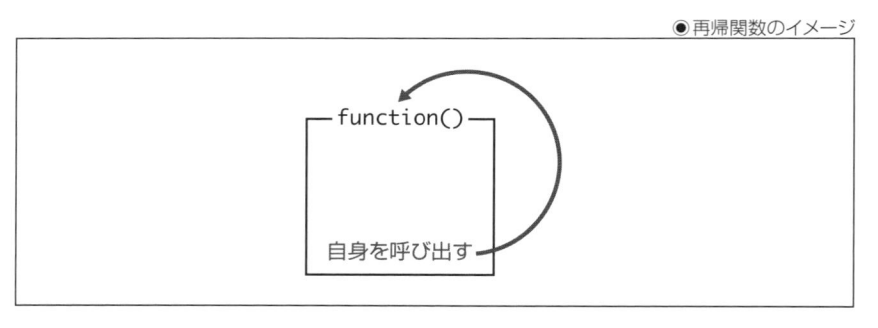

人が手作業で解くことが難しい問題でも、再帰関数を定義すると、簡単に解けるものがあります。再帰はプログラミングにおける重要な手法ですが、その概念は難しく、プログラミング学習の難関の1つに挙げられます。そこで本書では、まず、簡単な再帰関数を定義して動作を確認し、再帰のイメージを掴みます。その後、再帰を使用して問題を解く複数のアルゴリズムを学び、再帰処理について理解します。

簡単な再帰関数を定義する

簡単な再帰関数を定義して動作を確認します。このプログラムは再帰の基本を学ぶためのもので、何らかの問題を解くものではありません。

SAMPLE CODE 「Chapter10」→「recursive_function_1.py」

```
1: def re_function(n):
2:     if n > 0:
3:         re_function(n - 1)
```

▼

```
4:     print(n)                                              ▼
5:
6: re_function(3)
```

実行結果は次の通りです。

```
0
1
2
3
```

1～4行目に `n` という引数を設けた `re_function()` という関数を定義しています。2～3行目の `if` 文で `n` が `0` より大きいなら、引数に `n - 1` を与えて自身を呼び出します。これが再帰呼び出しになります。4行目で `n` の値を出力します。

6行目で `re_function()` に引数 `3` を与えて呼び出します。実行結果は `0`、`1`、`2`、`3` の順に出力されます。引数は `3` ですが、`0` から出力されるのは、次の流れで処理が行われるからです。

1 6行目で「re_function(3)」を呼び出す。

2 「n > 0」なので3行目で「re_function(2)」を呼び出す。このとき、まだ4行目の「print()」には進まない。

3 呼び出した「re_function(2)」も「n > 0」なので、「re_function(1)」を呼び出す。

4 「re_function(1)」も「n > 0」なので、「re_function(0)」を呼び出す。

5 「re_function(0)」は「n」が「0」なので、2行目の条件式が成り立たない。そのため再帰呼び出しを行わず、4行目に処理が移る。「print(0)」が実行され、「0」が出力される。ここで「re_function(0)」の処理が終わる。

6 「re_function(0)」が終わると、**4**の「re_function(1)」の続きである「print(1)」が実行され、「1」が出力される。これで「re_function(1)」が終わる。

7 「re_function(1)」が終わると、**3**の「re_function(2)」の続きの「print(2)」で「2」が出力される。これで「re_function(2)」が終わる。

8 「re_function(2)」が終わると、**2**の「re_function(3)」の続きの「print(3)」で「3」が出力される。これですべての処理が完了する。

このようにして $0 \rightarrow 1 \rightarrow 2 \rightarrow 3$ の順に出力されます。

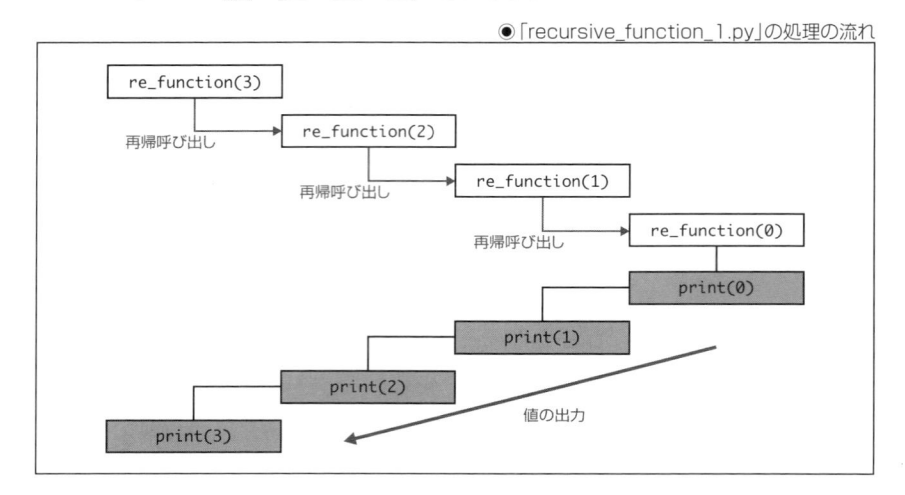

●「recursive_function_1.py」の処理の流れ

● 再帰が必ず終わるようにする

再帰関数には必ず終了条件を設けます。**終了条件**とは、それ以上、再帰呼び出しをせず、処理を終えるようにする条件のことです。ここで確認した `re_function(n)` は引数 `n` が `0` より大きいなら自身を呼び出し、`n` が `0` なら呼び出しません。これが終了条件になります。

もし終了することなく無限に呼び出しを続けると、そのプログラムが動く環境で使用できるメモリを消費し尽くしてしまい、プログラムが停止するなどの不具合が発生します。

● 自身を二度呼び出す再帰関数を定義する

自身を二度呼び出す再帰関数の動作を確認します。これも問題を解くものではなく、学習用の再帰関数になります。

SAMPLE CODE 「Chapter10」→「recursive_function_2.py」

```
1: def re_function(n):
2:     if n == 0:
3:         return
4:     re_function(n - 1)
5:     print(n)
6:     re_function(n - 1)
7:
8: re_function(3)
```

実行結果は次の通りです。

```
1
2
1
3
1
2
1
```

この再帰処理は次のように行われます。

1 8行目で「re_function(3)」を呼び出す。「n」は「0」でないので、2行目の「if」の条件式は成り立たない。4行目に処理が進み、「re_function(2)」を呼び出す。このとき、まだ5行目の「print(n)」には進まない。

2 「re_function(2)」も「n」が「0」でないので、「re_function(1)」を呼び出す。

3 「re_function(1)」も「n」が「0」でないので、「re_function(0)」を呼び出す。

4 「re_function(0)」は「n」が「0」で2行目が成り立つので、3行目の「return」で関数を抜ける。これで「re_function(0)」の処理が終わる。

5 「re_function(1)」の続きである5行目の「print(1)」で「1」が出力される。

6 6行目で「re_function(0)」を呼び出す。これは引数が「0」なので「return」するだけになる。これで「re_function(1)」が終わる。

7 「re_function(2)」の続きである5行目の「print(2)」で「2」が出力される。

8 6行目で「re_function(1)」を呼び出す。「re_function(1)」の呼び出しでは「1」が出力される。これで「re_function(2)」の処理が終わる。

9 「re_function(3)」の続きに移り、「print(3)」で「3」が出力される。

以後も同様に処理が進みます。その後の流れは、次の図の print(3) 以降を確認しましょう。

このようにして 1 → 2 → 1 → 3 → 1 → 2 → 1 の順に値が出力されます。

● 「recursive_function_2.py」の処理の流れ

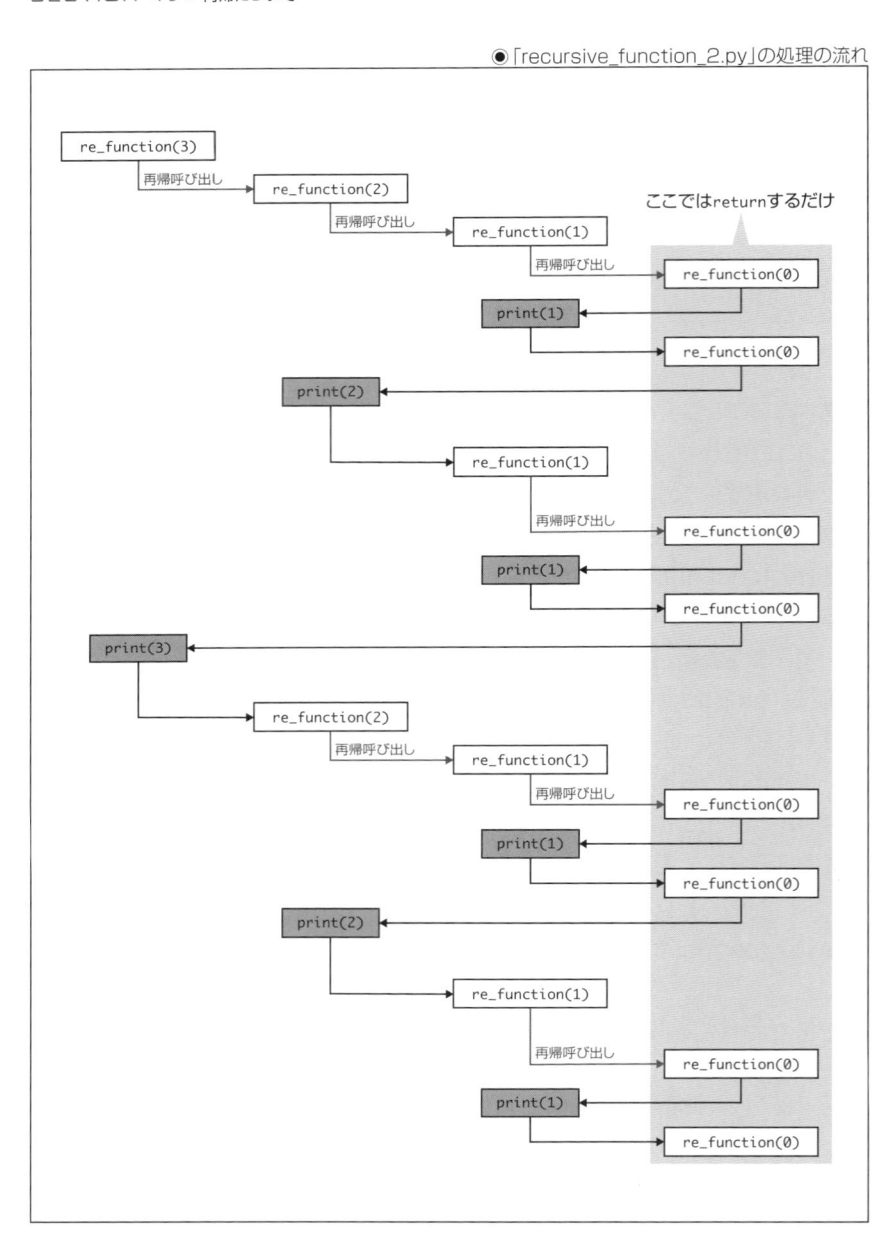

再帰で階乗を求める

この節から問題を解くための再帰関数を定義します。ここでは、階乗を求める再帰関数の作り方を説明し、その再帰関数を自作します。

🏮 階乗とは

1からnまでのすべての自然数を掛け合わせた値を**階乗**といいます。数学で階乗を$n!$と表します。たとえば5の階乗は$5! = 5 \times 4 \times 3 \times 2 \times 1 = 120$です。0の階乗（$0!$）は1とする決まりです。

🏮 階乗を求める再帰関数の作り方

再帰関数を定義して$n!$を求める方法を説明します。

まず、nの値を、0と0以外（1以上）の2つの場合に分けて考えます。

$$n = 0 \quad \text{の場合} \quad n! = 1 \quad\quad\quad\quad\quad\quad\quad\quad\cdots\cdots①$$
$$n > 0 \quad \text{の場合} \quad n! = n \times (n-1) \times (n-2) \times \cdots \times 2 \times 1 \cdots\cdots②$$

式①は階乗の定義の「$0!$は1になる」というものです。

式②はnに、その値から1を引いた数を掛け、さらに1を引いた数を掛けることを、掛ける値が1になるまで繰り返します。

この2つの式に着目して、再帰関数を次のように定義します。

```
1: def fact(n):
2:     if n == 0:
3:         return 1
4:     else
5:         return n * fact(n - 1)
```

`return 1` が式①に当たり、`return n * fact(n - 1)` が式②に当たります。`else` を用いずに次のように記述することもできます。

```
1: def fact(n):
2:     if n > 0:
3:         return n * fact(n - 1)
4:     return 1
```

この関数がどのように動作するかを、この後、プログラムを実行して確認します。

階乗を意味する英単語の「factorial」から関数名を `fact()` としました。Pythonには階乗を求める `factorial()` という関数があるので、階乗を求める関数を自作する場合は、それと異なる関数名にしましょう。Pythonに備わる `factorial()` の使い方を節末で説明します。

🟦 階乗を求める再帰関数を定義したプログラム

階乗を求める再帰関数を定義して動作を確認します。

SAMPLE CODE 「Chapter10」→「factorial.py」

```
1: def fact(n):
2:     if n == 0:
3:         return 1
4:     else:
5:         return n * fact(n - 1)
6:
7: for i in range(0, 11):
8:     print(str(i) + "! =", fact(i))
```

実行結果は次の通りです。

```
0! = 1
1! = 1
2! = 2
3! = 6
4! = 24
5! = 120
6! = 720
7! = 5040
8! = 40320
9! = 362880
10! = 3628800
```

1～5行目に引数 `n` の階乗を求める `fact()` 関数を定義しています。

7～8行目の `for` 文で変数 `i` を `0` から `10` まで1ずつ増やし、`fact(i)` の結果を出力します。

● 「fact()」関数の再帰呼び出しを確認する

`fact()` 関数の5行目の `return n * fact(n - 1)` が再帰呼び出しです。この呼び出しが、どのように行われるかを図解します。

●return n * fact(n - 1)

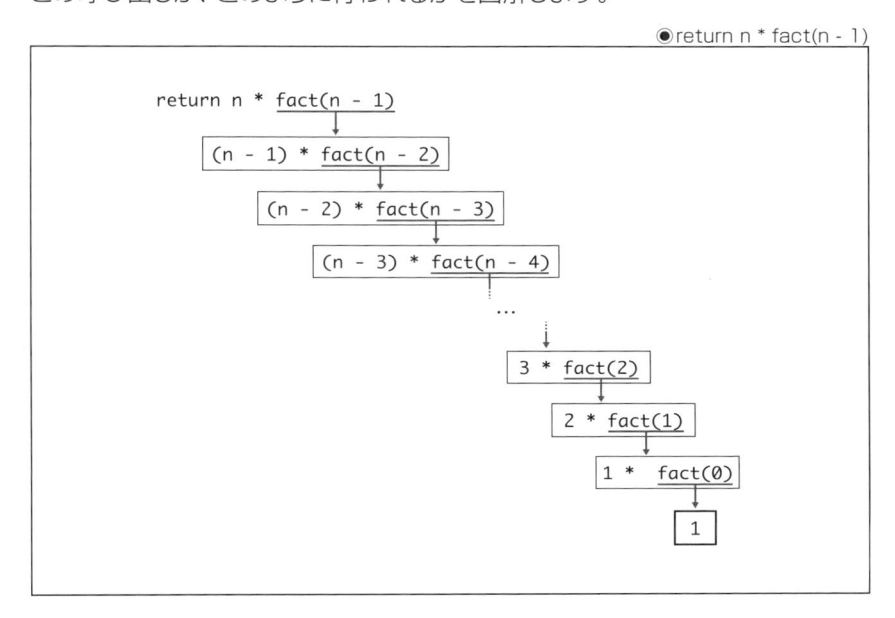

`fact(n)` を呼び出したとき、`n > 0` なら `n * fact(n - 1)` が戻り値になります。

`fact(n - 1)` の部分は再帰呼び出しにより `(n - 1) * fact(n - 2)` を返します。

`fact(n - 2)` は `(n - 2) * fact(n - 3)` を返します。

`fact(n - 3)` は `(n - 3) *fact(n - 4)` を返します。

こうして引数を1ずつ減らしながら再帰呼び出しを続けます。

`n` が `1` になったとき、`return 1 * fact(0)` で、`fact(0)` を返します。

`fact(0)` は `n` が `0` なので `1` を返し、それ以上は呼び出しません。

このようにして、`n * (n - 1) * (n - 2) * (n - 3) * ···· * 3 * 2 * 1 * 1` という式を記述したのと同じ計算が行われます。

10

再帰

243

● 階乗を求めるPythonの命令について

Pythonのmathモジュールに階乗を求める `factorial()` という関数が用意されています。その使い方を掲載します。

SAMPLE CODE 「Chapter10」→「math_factorial.py」

```
1: import math
2:
3: for i in range(0, 11):
4:     f = math.factorial(i)
5:     print(str(i) + "! =", f)
```

実行結果は階乗を求める自作関数のプログラム `factorial.py` と同じです。

ユークリッドの互除法

　2つの自然数の最大公約数を求めるユークリッドの互除法というアルゴリズムがあります。この節では、ユークリッドの互除法で最大公約数を求める再帰関数の作り方を説明し、その再帰関数を自作します。

❖ ユークリッドの互除法とは

　ユークリッドの互除法は次の定理で2つの自然数の最大公約数を求めます。

- $a \geqq b$ となる自然数 a、b について、a を b で割った余りを r とすると、a と b の最大公約数は、b と r の最大公約数に等しい。
- この性質を繰り返し用いることで、最終的に r が0になるときの b が a と b の最大公約数になる。

❖ どのようにプログラムを記述するか

　プログラムで2つの自然数の最大公約数を求めるには、次の計算を行います。

●プログラムで最大公約数を求める

a を b で割った余りは　r_0

b を r_0 で割った余りは　r_1

r_0 を r_1 で割った余りは　r_2

r_1 を r_2 で割った余りは　r_3

$\vdots$

r_{n-1} を r_n で割った余りが　0

　このように2つの数の割り算の余りを求める計算を続けます。余りが0になったときの割る数(この図では r_n)が a と b の最大公約数になります。
　この計算を238と51の最大公約数を求めるという具体的な数字で考えてみましょう。 `%` は余りを求める演算子です。

余りが0になったときの割る数の17が238と51の最大公約数です。

● 最大公約数を求める再帰関数の作り方

最大公約数を求める再帰関数の定義の仕方を説明します。

割られる数 *a* と、割る数 *b* を引数に設けます。

a を *b* で割った余りを *r* とすると、$r = a \% b$ です。

自身を再帰的に呼び出す際、引数 *a* に *b* を与え、引数 *b* に *r* を与えます。

b が 0 なら、その時点の *a* が求める最大公約数です。その場合、*a* を戻り値として返し、それ以上は呼び出しを行わないようにします。

具体的には次のような再帰関数を定義します。

```python
def euclid(a, b):
    if b == 0:
        return a
    else:
        return euclid(b, a % b)
```

`else` を用いずに次のように記述することもできます。

```python
def euclid(a, b):
    if b > 0:
        return euclid(b, a % b)
    return a
```

● 最大公約数を求める再帰関数を定義したプログラム

最大公約数を求める再帰関数を定義して動作を確認します。割られる数と、割る数を入力すると、それらの最大公約数を求めます。何も入力せず「Enter」キーを押すと終了します。

SAMPLE CODE 「Chapter10」→「euclidean_algorithm.py」

```python
 1: def euclid(a, b):
 2:     if b == 0:
 3:         return a
 4:     else:
 5:         return euclid(b, a % b)
 6:
 7: while True:
 8:     print("自然数を2つ入力してください")
 9:     s = input("a=")
10:     if s == "":
11:         break
12:     a = int(s)
13:     s = input("b=")
14:     if s == "":
15:         break
16:     b = int(s)
17:     gcd = euclid(a, b)
18:     print(a, "と", b, "の最大公約数は", gcd)
```

実行結果は次のようになります。

```
自然数を2つ入力してください
a=238
b=51
238 と 51 の最大公約数は 17
自然数を2つ入力してください
a=1850
b=111
1850 と 111 の最大公約数は 37
自然数を2つ入力してください
a=
```

1~5行目に最大公約数を求める `euclid()` という再帰関数を定義しています。この関数は2つの引数 `a`、`b` を設けています。2~3行目で `b` が `0` なら `a` を戻り値として返します。`b` が `0` より大きい間、5行目の `return euclid(b, a % b)` で再帰呼び出しを続けます。

`euclid(b, a % b)` で引数 `a` に `b` が渡され、引数 `b` に `a % b` が渡されます。245ページの図の割った余り r_n が `a % b` です。

7～18行目の `while` のブロックで、2つの数を入力し、`euclid()` で求めた最大公約数を出力します。

● 2つの数の入力について

9行目の `input()` で文字列(ここでは自然数)の入力を受け付けます。何も入力しない場合、10～11行目の `if` 文と `break` で `while` の繰り返しを中断します。

入力した文字列を12行目の `a = int(s)` で整数に変換し、`a` に代入します。整数以外を入力した場合は `int()` で変換できずにエラーになります。CHAPTER 04の115ページやCHAPTER 05の145ページで説明した `try` と `except` による例外処理を使用すればエラーを回避できます。

13～16行目で、入力した文字列を整数に変換して `b` に代入します。

17行目の `gcd = euclid(a, b)` で `gcd` という変数に最大公約数を代入します。この変数名は最大公約数「greatest common divisor」を略したものです。

● 最大公約数を求めるPythonの関数について

Pythonの `math` モジュールに最大公約数を求める `gcd()` という関数が用意されています。その使い方を掲載します。実行すると `a` と `b` の入力待ちになるので、2つの自然数を入力して動作を確認しましょう。

SAMPLE CODE 「Chapter10」→「math_gcd.py」

```
1: import math
2: a = int(input("a="))
3: b = int(input("b="))
4: g = math.gcd(a, b)
5: print(a, "と", b, "の最大公約数は", g)
```

実行結果は次のようになります。

```
a=238
b=51
238 と 51 の最大公約数は 17
```

`gcd()` の引数に割られる数と割る数を与え、最大公約数を求めます。

再帰によるソート①〜マージソート

　CHAPTER 07で学んだマージソートを再帰処理で行うことができます。この節では、再帰によるマージソートについて説明し、そのプログラムを自作します。

🔷 再帰によるマージソートについて

　再帰によるマージソートもアルゴリズムはCHAPTER 07で学んだ通りです。マージ（結合）により、整列したデータのまとまりを大きくしながら、データを並べ替えます。

●マージソートの例

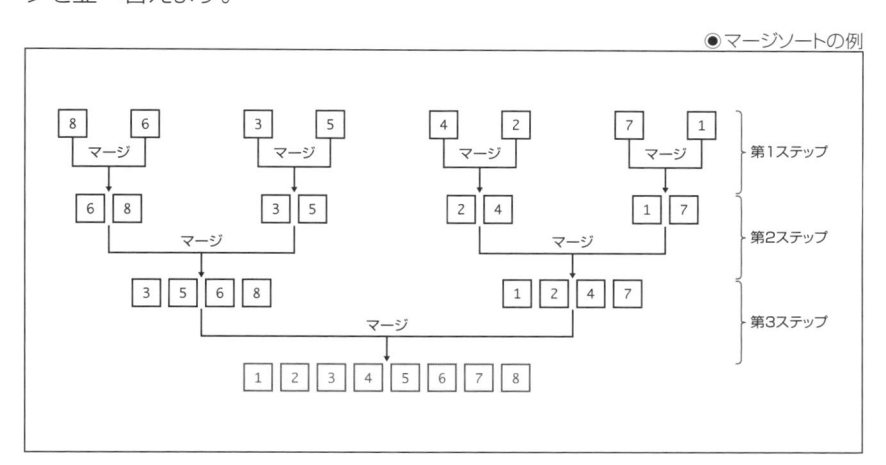

🔷 どのような再帰処理を行うか

　再帰によるマージソートは次の手順でデータを並べ替えます。

1 配列のleft番からright番までの範囲を分割する。このとき、範囲の中央の位置「mid」を計算し、左半分（「left」から「mid」）と右半分（「mid」から「right」）に分ける。

2 左右のそれぞれの部分配列について、再帰的に分割を行う。範囲が1つの要素になるまで、これを繰り返す。

3 再帰的な分割が終わった時点で左右の部分配列をマージする。最終的にすべての部分配列でマージが行われ、データが整列する。

● 再帰関数を定義する

　この処理を実現するには、`left` と `right` の2つの引数を設けた再帰関数を定義します。この関数で `left` 番から `right` 番の要素を左側と右側に分けるための位置 `mid` を決めます。

●引数でマージの範囲「left」と「right」を指定

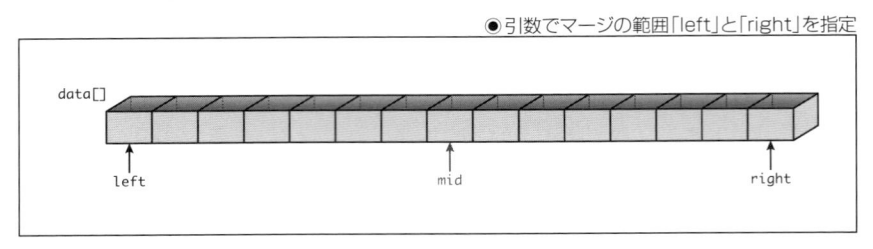

　`left` から `mid` までと、`mid` から `right` までを新たな引数として再帰呼び出しを行います。ただし、`left` と `right` の間に並ぶ要素が1つ以下なら呼び出しを行わず、データをマージするようにします。

● 再帰によるマージソートのプログラム

　再帰関数を定義してマージソートを行うプログラムを確認します。

SAMPLE CODE 「Chapter10」→「merge_sort_recursive.py」

```
 1: def merge_sort(dat, left, right):
 2:     if right - left > 1:
 3:         mid = (left + right) // 2
 4:         merge_sort(dat, left, mid)  # 左の範囲の再帰呼び出し
 5:         merge_sort(dat, mid, right) # 右の範囲の再帰呼び出し
 6:
 7:         buf = [0] * (right - left)
 8:         i = left
 9:         j = mid
10:         k = 0
11:         while i < mid and j < right:
12:             if dat[i] < dat[j]:
13:                 buf[k] = dat[i]
14:                 i += 1
15:             else:
16:                 buf[k] = dat[j]
17:                 j += 1
18:             k += 1
19:
```

▼

```
20:        while i < mid:
21:            buf[k] = dat[i]
22:            i += 1
23:            k += 1
24:
25:        while j < right:
26:            buf[k] = dat[j]
27:            j += 1
28:            k += 1
29:
30:        for idx in range(left, right):
31:            dat[idx] = buf[idx - left]
32:
33: data = [9, 5, 6, 3, 8, 4, 2, 7, 1]
34: n = len(data)
35: print("データの数", n)
36: print(data, "元のデータ")
37: merge_sort(data, 0, n)
38: print(data, "ソート後")
```

　実行結果は次の通りです。

```
データの数 9
[9, 5, 6, 3, 8, 4, 2, 7, 1] 元のデータ
[1, 2, 3, 4, 5, 6, 7, 8, 9] ソート後
```

　1～31行目に再帰によりマージソートを行う merge_sort() という関数を定義しています。この再帰関数には、元のデータを受け取る引数 dat 、左側の要素の添え字を受け取る left 、右側の要素の添え字を受け取る right という引数を設けています。

　33行目で並べ替えるデータを data[] という配列で定義し、34行目でデータの数を n に代入します。

　37行目の merge_sort(data, 0, n) で、定義した再帰関数の引数に data 、0 、n を与えて呼び出します。

◆「merge_sort()」の処理を確認する

2行目の `if right - left > 1` で、`left` と `right` の間に2つ以上の要素があるなら、次のように自身を呼び出します。

```
3: mid = (left+right) // 2
4: merge_sort(dat, left, mid)
5: merge_sort(dat, mid, right)
```

変数 `mid` に `left` と `right` の間の中央の位置(配列の添え字)を代入します。再帰呼び出しの引数に左側の範囲と右側の範囲を与えます。

呼び出された `merge_sort()` は、2つの引数 `left` と `right` の範囲をさらに分割し、自身を呼び出します。引数の範囲にある要素が1つ以下になると、それ以上は再帰呼び出しをせず、7行目以降でマージを行います。

● 「left」から「right」を左右に分けてマージする

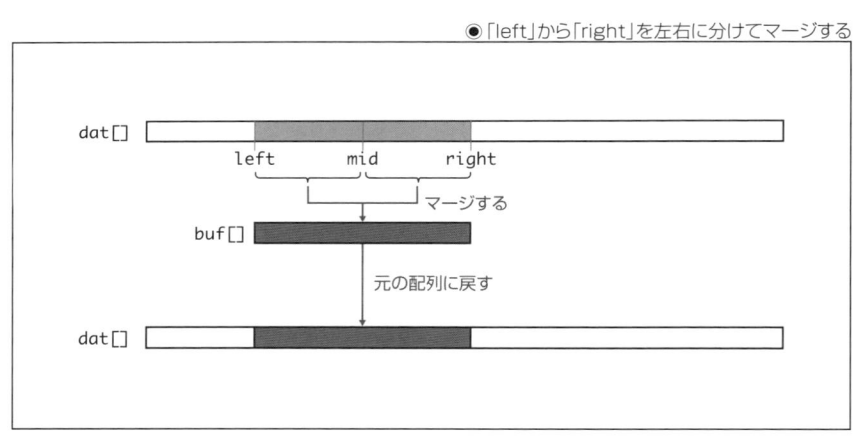

マージ処理では、結合したデータを `buf[]` という配列に代入し、それを元の配列に戻します。これはCHAPTER 07の再帰を使用しないマージソートで学んだプログラムと同じ処理です。

再帰によるソート②
～クイックソート

データを高速に並べ替えるクイックソートというアルゴリズムがあります。この節では、クイックソートの手法を説明し、そのプログラムを自作します。

🔹 クイックソートの概要

クイックソートはデータの中から基準となる値（これを**軸**と呼びます）を選び、その値以下か値以上かでデータを左右に振り分けます。左右に分けたグループのそれぞれで新たな軸を選び、データを振り分けることを繰り返してデータを並べ替えます。

🔹 クイックソートの詳細

クイックソートの処理の流れを図解します。ここでは `3, 6, 7, 5, 8, 0, 1` というデータを昇順に並べ替えます。

●クイックソートの流れ

… ① データを2つに分けるための値である軸を選びます。この例ではデータの中央にある5を選びます。

… ② 軸以下の値を軸の左、軸以上の値を軸の右に移して、データを左右のグループに分けます。

… ③ 左右それぞれのグループで新たな軸を選びます。この例では左は1、右は7を選びます。それらのグループも軸以下、軸以上で値を左右に移します。

… ④ グループの分割ができなくなるまで、これを続けると、ソートが完了して昇順に並びます。

🔹 どのような処理を行うか

クイックソートの処理を具体的に説明します。 3, 6, 7, 5, 8, 0, 1 の7個のデータを並べ替えるとし、中央の 5 を軸とします。

変数 i をデータ左端に設置し、変数 j を右端に設置します。設置とは data[i] と data[j] を参照するために、i に 0 、j に 6 を代入するという意味です。

```
i                 j
3, 6, 7, 5, 8, 0, 1
```

i の値を1ずつ増やし、軸以上になる要素を探します。このとき、i の位置は右へ向かいます。また、j の値を1ずつ減らし、軸以下になる要素を探します。 j の位置は左へ向かいます。

この例で i は 6 の要素の位置になります。 j は右端が 1 なので移動しません。

```
   i              j
3, 6, 7, 5, 8, 0, 1
```

data[i] と data[j] を入れ替えます。

```
   i              j
3, 1, 7, 5, 8, 0, 6
```

次の探索を i の1つ右、j の1つ左から続けます。
今度は 7 と 0 が見つかります。

```
      i        j
3, 1, 7, 5, 8, 0, 6
```

それらも入れ替えます。

```
      i        j
3, 1, 0, 5, 8, 7, 6
```

探索を続けます。
この例では i と j が 5 の位置になります。ここでも入れ替えますが、この場合は 5 と 5 の入れ替えになるので、5 の位置は変わりません。

```
      ij
3, 1, 0, 5, 8, 7, 6
```

これを `i >= j` になるまで続けます。この例では、ここで `i == j` になり、最初の探索と入れ替えが終わります。

左側に軸以下の `3, 1, 0` 、右側に軸以上の `8, 7, 6` が並びました。

左のグループと右のグループ、それぞれで新たな軸を決めます。この例で左のグループは1、右のグループは7が軸になります。それぞれのグループで同様に軸以上と軸以下の探索と入れ替えを行うと、データが昇順に並びます。

クイックソートは再帰関数を定義して、軸の決定、データの探索と入れ替えを行い、再帰呼び出しによって、より小さなグループを作ります。グループが分割できなくなるまで、これを続けるとデータが整列します。

🌑 クイックソートの自作例

再帰関数を定義してクイックソートを行うプログラムを確認します。

SAMPLE CODE 「Chapter10」→「quick_sort.py」

```python
 1: def quick_sort(dat, left, right):
 2:     if left >= right:
 3:         return
 4:     i = left
 5:     j = right
 6:     pivot = dat[(left + right) // 2]
 7:     while i < j:
 8:         while dat[i] < pivot:
 9:             i += 1
10:         while dat[j] > pivot:
11:             j -= 1
12:         if i <= j:
13:             dat[i], dat[j] = dat[j], dat[i]
14:             i += 1
15:             j -= 1
16:     quick_sort(dat, left, j)  # 左の範囲で再帰呼び出し
17:     quick_sort(dat, i, right) # 右の範囲で再帰呼び出し
18:
19: data = [3, 6, 7, 5, 8, 0, 1]
20: n = len(data)
21: print("データの数", n)
```

▼

```
22: print(data, "元のデータ")
23: quick_sort(data, 0, n - 1)
24: print(data, "ソート後")
```

実行結果は次の通りです。

```
データの数 7
[3, 6, 7, 5, 8, 0, 1] 元のデータ
[0, 1, 3, 5, 6, 7, 8] ソート後
```

1〜17行目に再帰によりクイックソートを行う quick_sort() という関数を定義しています。この再帰関数には、元のデータを受け取る引数 dat 、左側の要素の添え字を受け取る left 、右側の要素の添え字を受け取る right という引数を設けています。

19行目で並べ替えるデータを data[] という配列で定義し、20行目でデータの数を n に代入します。

23行目の quick_sort(data, 0, n - 1) で、引数に data 、0 、n - 1 を与えて関数を呼び出します。この再帰関数の left と right は配列の添え字になるので、引数 right を最後尾の要素の添え字 n - 1 とします。

● 「quick_sort()」関数の処理を確認する

引数 dat の left 番から right 番の要素の範囲で探索と入れ替えを行います。処理の内容を説明します。

2〜3行目で left>=right なら return で関数を抜け、処理を行わないようにします。

4行目で変数 i に left 、5行目で変数 j に right を代入します。i と j は配列 dat[] の添え字になります。

left と right の中央にあるデータを軸とし、その値を6行目で pivot という変数に代入します。

7行目の while 文で、i が j 未満の間、処理を行います。

8〜9行目で軸以上となる要素を探し、10〜11行目で軸以下となる要素を探します。

12〜15行目で i が j 以下なら dat[i] と dat[j] を入れ替えます。その際、i を1増やし、j を1減らします。

　`i >= j` になると `while` の処理が終わります。 `while` を抜けた後、16〜17行目の `quick_sort(dat, left, j)` と `quick_sort(dat, i, right)` で再帰呼び出しを行います。

　再帰処理を続けると、最後にはデータが分割できない状態になります。分割できないのは、引数 `left` と `right` の間の要素が1つ以下になったときです。その場合、2〜3行目で `return` するので、それ以上、再帰呼び出しはしません。これが終了条件になります。そこまで処理が進むとすべてのデータが昇順に並んでソートが完了します。

01

02

03

04

05

06

07

08

09

10
再帰
11

12

CHAPTER 11

木やグラフによる アルゴリズム

>>>> **本章の概要**

　各種のアルゴリズムを作る際に木やグラフのデータ構造が用いられます。この章では、木の一種であるヒープを使ってソートを行う手法、二分探索木によるデータの探索、グラフを用いて最短経路を検索するアルゴリズムを取り上げます。

ヒープの概要とヒープの形成

この節では、ヒープについて説明します。次の節で、ここで学んだ知識を使ってヒープソートのプログラムを自作します。

🔷 ヒープとは

親が子を2つずつ持つ木を**二分木**といいます。**ヒープ**とは二分木のうち、すべての親子の値が親 ≧ 子となるものを指します。

次の図がヒープの例です。最後に位置する親子の子は左だけでもかまいません。この図の⑦には左の子の②だけが存在します。

●ヒープの例

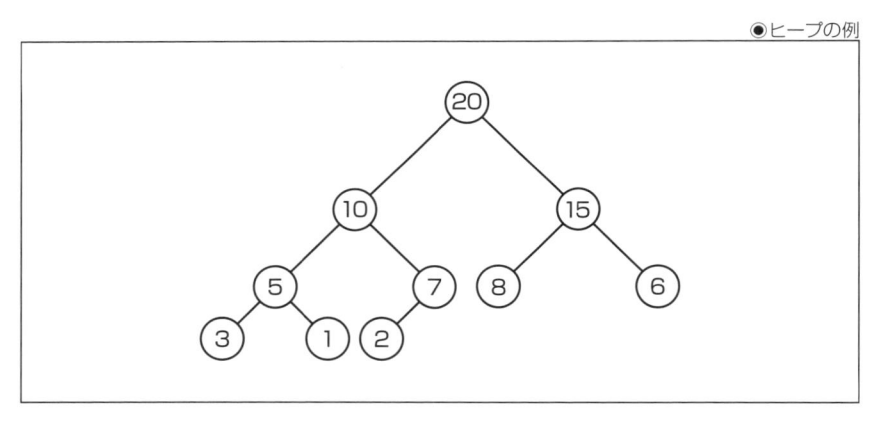

本書では親 ≧ 子となるヒープを扱いますが、すべてのノードが親 ≦ 子の関係であれば、その二分木もヒープになります。

🔷 ヒープを配列で表現する

ヒープは一次元の配列で定義できます。上図のノードを配列に配置する方法を、次の表を使って説明します。

●ヒープのノードを配列に並べる

0	1	2	3	4	5	6	7	8	9
⑳									
	⑩	⑮							
			⑤	⑦					
					⑧	⑥			
							③	①	
									②

　この表の最上段の0～9という番号は、ノードのデータを代入する配列の添え字です。

　根の⑳を先頭の0番に置きます。そこから伸びる矢印の線は親子の関係を表します。根の左の子は⑩、右の子は⑮です。それらを1番と2番に置きます。

　⑩の子の⑤と⑦を3番と4番に置きます。

　⑮の子の⑧と⑥を5番と6番に置きます。

　⑤の子の③と①を7番と8番に置きます。

　⑦の子の②を9番に置きます。

　このように、根に近い上層から下層へ、左から右へ向かってノードのデータを並べます。これを次の配列とします。

```
data = [20, 10, 15, 5, 7, 8, 6, 3, 1, 2]
```

　この配列で親子の番号（添え字）は次の関係にあります。
- 親を「p」とすると、左の子は「p * 2 + 1」、右の子は「p * 2 + 2」。
- 子を「c」とすると、その親は「(c - 1) // 2」。

　`//` は割り算の結果を整数で求める演算子です。`(c - 1) // 2` の代わりに `int((c - 1) / 2)` とすることもできます。

●ヒープを形成するアルゴリズムがある

　ヒープはすべてのノードが親 ≧ 子の関係にあります。兄弟（同じ親を持つ子）の大小は、左 ≧ 右、左 ≦ 右のどちらでもかまいません。

　ばらばらに並ぶデータをヒープの条件を満たすように並べ替える方法があります。本書では、これをヒープの形成と呼んで説明します。

11
木やグラフによるアルゴリズム

🧊 ヒープを形成する手順

ヒープの形成方法を説明します。ここでは、①、③、②、④、⑥、⑤、⑦の7つのノードを持つ二分木がヒープになるように並べ替えます。

	二分木	説明
1	①／③（④ ⑥）＼②（⑤ ⑦）	②が最も後ろに位置する親です。その親と、親にぶら下がる兄弟の大きな方を比較すると、親②＜子⑦です。親＜子なら、それらを入れ替えます。
2	①／③（④ ⑥）＼〔⑦（⑤ ②）〕	枠内がヒープ化されます。ヒープは親≧子であればよく、兄弟（ここでは⑤と②）の大小は問いません。
3	①／③（④ ⑥）＼⑦（⑤ ②）	次に③の親と、その子の大きな方を比較します。親③＜子⑥なので、それらを入れ替えます。
4	①／〔⑥（④ ③）〕＼⑦（⑤ ②）	枠内がヒープ化されます。
5	①／⑥（④ ③）＼⑦（⑤ ②）	次は①の親と、その子の大きな方の⑦を入れ替えます。
6	〔⑦／⑥＼①〕（④ ③ ⑤ ②）	枠内がヒープ化されます。ただし、①が新たな親となった①⑤②はヒープの大小関係が崩れます。そこで、その部分で親子の比較と入れ替えを行います。ここでは①と⑤を入れ替えます。
7	⑦／⑥（④ ③）＼⑤（① ②）	以上の比較と入れ替えで、すべてのデータが親≧子となり、ヒープが形成されます。

❖ヒープを形成するプログラム

初期のヒープを作るプログラムを確認します。

SAMPLE CODE 「Chapter11」→「make_heap.py」

```python
 1: data = [1, 3, 2, 4, 6, 5, 7]
 2: n = len(data)
 3: print(data, "元のデータ")
 4:
 5: pl = (n - 2) // 2 # 最後の親ノードから順にヒープ化
 6: for i in range(pl, -1, -1):
 7:     p = i      # 現在の親
 8:     c = p * 2 + 1 # 左の子
 9:     while c < n:
10:         # 右の子が存在し、左より大きいなら右の子を選ぶ
11:         if c < n - 1 and data[c] < data[c + 1]:
12:             c = c + 1
13:         if data[p] >= data[c]: # 親 >= 子ならwhileを中断
14:             break
15:         data[p], data[c] = data[c], data[p]
16:         p = c      # 子を新たな親とする
17:         c = p * 2 + 1 # 新たな親の左の子
18:
19: print(data, "形成したヒープ")
```

実行結果は次の通りです。

```
[1, 3, 2, 4, 6, 5, 7] 元のデータ
[7, 6, 5, 4, 3, 1, 2] 形成したヒープ
```

1行目の `data[]` という配列で、ばらばらに並ぶデータを定義します。

2行目で変数 `n` にデータの数を代入します。

5〜17行目がヒープを作る処理です。6行目の `for` 文に9行目の `while` 文が入る二重ループでヒープを形成します。

5行目の `pl = (n - 2) // 2` で、最も後ろにある親の番号（配列の添え字）を変数 `pl` に代入します。 `for` 文の `i` の初期値を `pl` とし、その親子から値の比較と交換を始めます。261ページで子を `c` とすると、その親は `(c - 1) // 2` になると説明しましたが、このプログラムの `n` は配列の要素数（データの数）なので、最後の親は `(n - 2) // 2` になります。

11〜12行目で左右の子の大きい方を選びます。データ最後に位置する親子の子は左だけのことがあるので、この `if` 文の条件式に `c<n-1` を記述しています。

13〜14行目で親が子以上の値なら `while` を中断します。親が子より小さい場合、15行目で親子を入れ替えます。

16行目で `p` に `c` を代入し、交換した子を新たな親とします。17行目で `c` に `p * 2 + 1` を代入し、新たな親の子とします。

新たな親子で再び値の比較と交換を行います。ただし、`c` が `n` 以上になったときは、`while` の条件式 `c<n` により `while` を中断します。

6行目の `for` 文の `i` は最後に `0` になり、根を親とする親子を比較します。比較と交換は `while` のブロックで、木の下層に向かって進みます。

このようにしてデータ全体の各部分木で比較と入れ替えを行うと、ヒープが形成されます。

ヒープソート

この節では、ヒープソートのプログラムを自作します。

🔷 ヒープソートの概要

ヒープソートは、ヒープの根を削除した残りのデータで、ヒープの形成を繰り返してデータを並べ替えるアルゴリズムです。**根の削除**では、根と末尾のデータを交換します。ヒープは根が最も大きな値なので、交換により、最大のデータが末尾に移動します。その末尾を除いたデータで再びヒープを作ると、最大値の次に大きな値が、根になります。新たな根を末尾の1つ手前のデータと交換するというように、根の削除とヒープの形成を繰り返すと、データが昇順に並びます。

🔷 ヒープソートの詳細

ヒープソートの流れを図解します。前の節の図解の続きになります。データは「7, 6, 5, 4, 3, 1, 2」と並んでいます。

8		根と末尾を交換します。これが根の削除です。 [2, 6, 5, 4, 3, 1, 7] 最大値が末尾に移動し、7の位置が確定します。
9		ヒープが崩れた状態になるので、7を除いた2, 6, 5, 4, 3, 1で再びヒープを形成します。手順は前の節で説明した通りです。
10		再形成したヒープは6, 4, 5, 2, 3, 1とデータが並びます。

11		6と1を交換します。 [**1**, 4, 5, 2, 3, **6**] 6の位置が確定します。
12		6を除いたデータでヒープを再形成すると、 5, 4, 1, 2, 3とデータが並びます。
13		5と3を交換します。 [**3**, 4, 1, 2, **5**] 5の位置が確定します。
14		5を除いたデータでヒープを再形成すると、 4, 3, 1, 2とデータが並びます。
15		4と2を交換します。 [**2**, 3, 1, **4**] 4の位置が確定します。

以後の説明は省略します。

この手順を続けると、「1, 2, 3, 4, 5, 6, 7」とデータが昇順に並びます。

● ヒープソートを自作する

ヒープソートでデータを並べ替えるプログラムを確認します。

SAMPLE CODE 「Chapter11」→「heap_sort_1.py」

```python
1: data = [1, 3, 2, 4, 6, 5, 7]
2: n = len(data)
3: print(data, "元のデータ")
4:
5: pl = (n - 2) // 2 # 最後の親ノードから順にヒープ化
6: for i in range(pl, -1, -1):
```

▼

```
 7:     p = i      # 現在の親
 8:     c = p * 2 + 1 # 左の子
 9:     while c < n:
10:         # 右の子が存在し、左より大きいなら右の子を選ぶ
11:         if c < n - 1 and data[c] < data[c + 1]:
12:             c = c + 1
13:         if data[p] >= data[c]: # 親 >= 子ならwhileを中断
14:             break
15:         data[p], data[c] = data[c], data[p]
16:         p = c      # 子を新たな親とする
17:         c = p * 2 + 1 # 新たな親の左の子
18:
19: print(data, "形成したヒープ")
20:
21: d = n - 1 # 入れ替える番号（配列の添え字）
22: while d > 0:
23:     data[0], data[d] = data[d], data[0]
24:     p = 0
25:     c = p * 2 + 1
26:     while c < d:
27:         if c < d - 1 and data[c] < data[c + 1]:
28:             c = c + 1
29:         if data[p] >= data[c]:
30:             break
31:         data[p], data[c] = data[c], data[p]
32:         p = c
33:         c = p * 2 + 1
34:     d = d - 1
35:
36: print(data, "ソート後")
```

実行結果は次の通りです。

```
[1, 3, 2, 4, 6, 5, 7] 元のデータ
[7, 6, 5, 4, 3, 1, 2] 形成したヒープ
[1, 2, 3, 4, 5, 6, 7] ソート後
```

　5〜17行目が初期のヒープの形成で、この部分は前の節のプログラムの通りです。

　21〜34行目で根の削除とヒープの再形成を行います。

11

木やグラフによるアルゴリズム

根の削除とヒープの再形成を確認する

21行目の変数 d に n - 1（最後尾の要素の添え字）を代入します。

22行目の while d > 0 で、d が 0 より大きい間、処理を繰り返します。

23行目で data[0] と data[d] を入れ替え、根を削除します。

24～33行目がヒープの再形成で、これはヒープを作る処理そのものです。ただし、こちらの処理では、根の削除で親子の形が崩れるので、変数 p に 0 を代入してヒープを作り直します。その際、26行目の while の条件式を c < d とし、0 からdの1つ手前の要素までヒープを形成します。最後の要素に最大値を移動したので、それを除外します。

34行目で d の値を1減らします。d が 0 になると並び替えが完了します。

ヒープの形成を関数にする

heap_sort_1.py はわかりやすいプログラムになるように、初期のヒープの形成と再形成の処理を重複して記述しましたが、それらを関数として定義すると簡潔なプログラムになります。

ヒープの形成を関数で行うようにしたプログラム確認します。

SAMPLE CODE 「Chapter11」→「heap_sort_2.py」

```python
 1: data = [1, 3, 2, 4, 6, 5, 7]
 2: n = len(data)
 3: print(data, "元のデータ")
 4:
 5: def heapify(dat, p, en):
 6:     c = p * 2 + 1
 7:     while c < en:
 8:         if c < en - 1 and dat[c] < dat[c + 1]:
 9:             c = c + 1
10:         if dat[p] >= dat[c]:
11:             break
12:         dat[p], dat[c] = dat[c], dat[p]
13:         p = c
14:         c = p * 2 + 1
15:
16: for i in range((n - 2) // 2, -1, -1):
17:     heapify(data, i, n)
18:
19: print(data, "形成したヒープ")
20:
```

11

木やグラフによるアルゴリズム

```
21: d = n - 1 # 入れ替える番号（配列の添え字）            ▼
22: while d > 0:
23:     data[0], data[d] = data[d], data[0]
24:     heapify(data, 0, d)
25:     d = d - 1
26:
27: print(data, "ソート後")
```

実行結果は次の通りです（前のプログラムと一緒です）。

```
[1, 3, 2, 4, 6, 5, 7] 元のデータ
[7, 6, 5, 4, 3, 1, 2] 形成したヒープ
[1, 2, 3, 4, 5, 6, 7] ソート後
```

5〜14行目にデータをヒープ化する `heapify()` という関数を定義しています。この関数は引数の `dat` でデータ、`p` で親の番号、`en` でどの要素まで比較と入れ替えを行うかを受け取ります。

`heapify()` は `heap_sort_1.py` の共通部分を関数にしたもので、処理の内容は前の節のヒープを作るプログラムそのものです。

16〜17行目の `for` 文で `heapify()` を呼び出し、初期のヒープを形成します。

21〜25行目でヒープの先頭と末尾を入れ替えてデータを並べ替えます。

二分探索木の巡回

この節では、木を巡回して目的の値を探す木探索というアルゴリズムについて説明します。また、再帰関数により木を探索するプログラムを自作します。

🧊 二分探索木について

各ノードが最大で2つの子ノードを持つ**二分木**のうち、すべてのノードが「左部分木のノード ＜ 親ノード ＜ 右部分木のノード」という関係を満たすものを**二分探索木**といいます。

次の図が二分探索木の例です。

●二分探索木の例

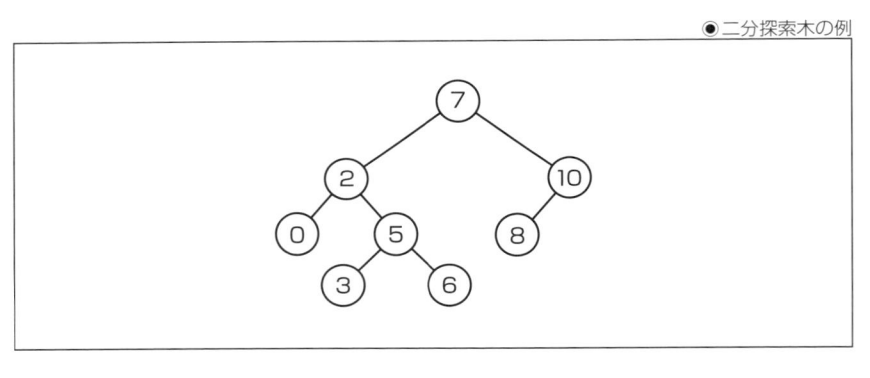

この木は根の「7」の左に位置する左部分木のノード（子、孫、ひ孫）である「2」「0」「5」「3」「6」は、どれも根より小さな値です。一方、根の右に位置する右部分木の「10」「8」は、根より大きな値です。

「2」にぶら下がるノードを確認しましょう。左の子の「0」は「2」より小さく、右部分木の「5」「3」「6」は「2」より大きいです。

「5」「3」「6」の親子も、「左の子 ＜ 親 ＜ 右の子」という大小関係にあります。

◉ 部分木も「左＜親＜右」となる

左の子0は
親の2より小さい

2の右に位置する部分木の
5,3,6は2より大きい

　二分探索木のノードは、このように、どの部分木においても、「左の子孫 ＜ 親 ＜ 右の子孫」という関係にあります。

◆ 木の巡回について

　木を巡回してデータを調べるアルゴリズムに、深さ優先探索と幅優先探索があります。

　深さ優先探索は、できるだけ深くノードをたどり、葉に達したら親ノードに戻って次の分岐へ進みます。深さ優先探索のたどり方には、「親→左→右」「左→親→右」「左→右→親」の3種類があり、この後、説明します。

◉ 深さ優先探索

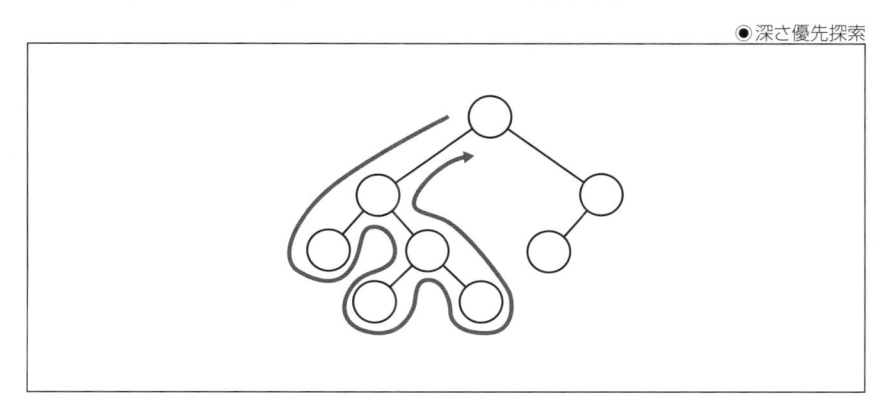

　幅優先探索は、根に近い層から深い層へ、左から右へと順にノードをたどります。同じ深さのノードが、それぞれの層になります。

11

木やグラフによるアルゴリズム

● 幅優先探索

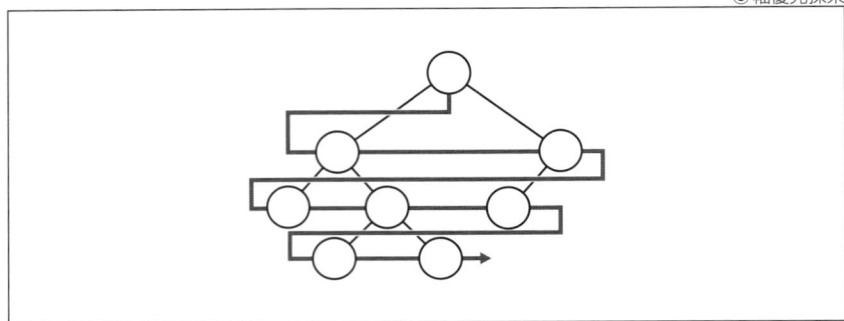

🔷 行きがけ順、通りがけ順、帰りがけ順について

深さ優先探索はノードを訪れる順番によって次の3つのパターンがあります。

● 行きがけ順、通りがけ順、帰りがけ順

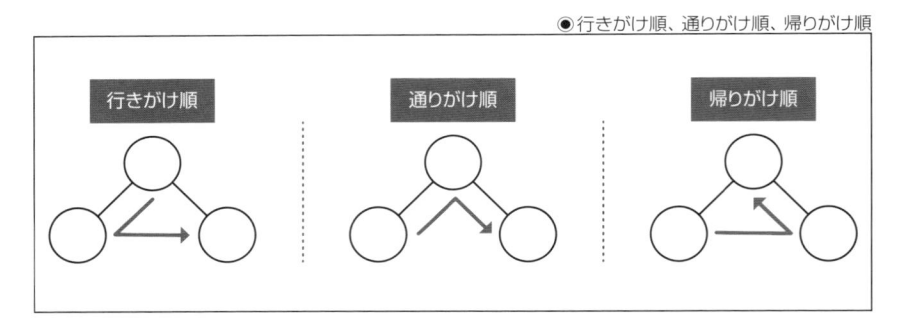

行きがけ順は、親、左の子、右の子の順に訪れます。
通りがけ順は、左の子、親、右の子の順に訪れます。
帰りがけ順は、左の子、右の子、親の順に訪れます。

🔷 データを昇順に取り出せる

二分探索木のデータを配列などで定義し、再帰処理で通りがけ順にノードを訪れると、データを昇順に取り出すことができます。

二分探索木によるアルゴリズムを自作するには、二分探索木をデータ化する必要があります。二分探索木は二分木の一種であり、CHAPTER 04で木を自作した際に説明した方法で、配列を使って定義できます（112ページ）。具体的には270ページの図の二分探索木を次のように定義します。

```
node = [
    [ 7, 1,    2   ],
    [ 2, 3,    4   ],
    [10, 5,    None],
    [ 0, None, None],
    [ 5, 6,    7   ],
    [ 8, None, None],
    [ 3, None, None],
    [ 6, None, None]
]
```

● 二分探索木を探索するプログラム

　通りがけ順に木を探索する再帰関数を定義したプログラムを確認します。実行するとデータが昇順に取り出されます。動作確認後に処理がどう進むかを説明します。

SAMPLE CODE 「Chapter11」→「tree_search.py」

```
 1: node = [
 2:     [ 7, 1,    2   ],
 3:     [ 2, 3,    4   ],
 4:     [10, 5,    None],
 5:     [ 0, None, None],
 6:     [ 5, 6,    7   ],
 7:     [ 8, None, None],
 8:     [ 3, None, None],
 9:     [ 6, None, None]
10: ]
11: DATA = 0
12: LEFT = 1
13: RIGHT = 2
14:
15: def traverse(p):
16:     if p == None:
17:         return
18:     traverse(node[p][LEFT])
19:     print(node[p][DATA])
20:     traverse(node[p][RIGHT])
21:
22: print("通りがけ順に巡回する")
23: traverse(0)
```

実行結果は次の通りです。

```
通りがけ順に巡回する
0
2
3
5
6
7
8
10
```

1〜13行目の二次元配列と定数で、二分探索木のデータを定義します。

15〜20行目に、再帰呼び出しで通りがけ順に木を巡回する traverse() という関数を定義しています。あちこち移動するという意味の英単語を、この関数名としています。

🔷 再帰による木の巡回

次の図を使って traverse() を呼び出したときの動作を説明します。ノードの番号は二分探索木を定義した node[行][列] の行です。

● 再帰による木の巡回

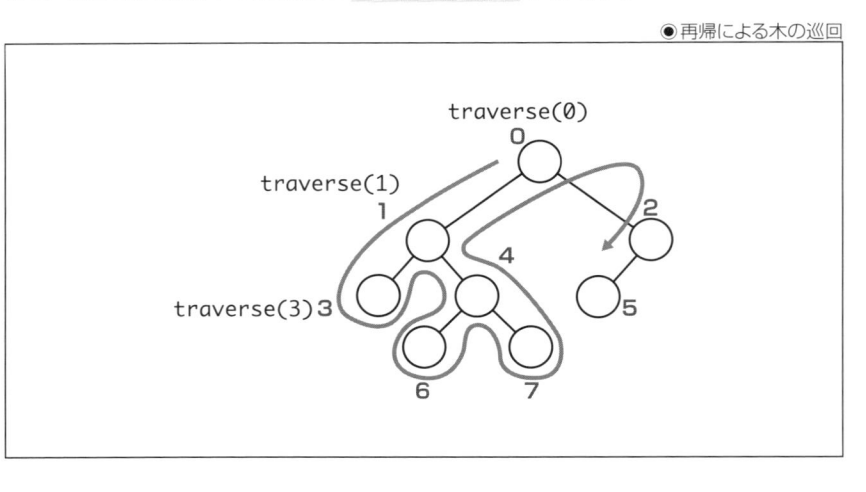

23行目で traverse(0) を呼び出し、0番ノードの根から巡回を始めます。

traverse(0) は引数 p が None ではないので、16〜17行目の if 文は成り立たず、18行目で traverse(node[0][LEFT]) を呼び出します。 node[0][LEFT] の値は 1 であり、この再帰呼び出しで、根の左の子の1番ノードに進むと考えるとわかりやすいでしょう。このとき、まだ19行目には進みません。

traverse(1) も16〜17行目の if 文は成り立たず、18行目で traverse(node[1][LEFT]) を呼び出します。 node[1][LEFT] は 3 で、3番ノードに進みます。

traverse(3) も引数が None でないので if 文は成り立たず、18行目で traverse(node[3][LEFT]) を呼び出します。このとき、node[3][LEFT] は None で、16〜17行目の if 文で return するため、再帰呼び出しをしません。

19行目に処理が移り、ここで print(node[3][DATA]) により、3番ノードのデータの0が出力されます。これが最初に出力される値です。

20行目に進み、traverse(node[3][RIGHT]) を呼び出します。 node[3][RIGHT] は None で、単に return します。

traverse(1) の続きに入ります。

print(node[1][DATA]) で1番ノードのデータの2が出力されます。

traverse(node[1][RIGHT]) を呼び出します。 node[1][RIGHT] は 4 で、traverse(node[4][LEFT]) を呼び出すというように再帰呼び出しを続けます。以後の説明は省略します。

このように処理が進み、0, 2, 3, 5, 6, 7, 8, 10 の順にデータが出力されます。

補足として traverse() 関数を次のように記述すれば1行短くできます。

```
def traverse(p):
    if p!=None:
        traverse(node[p][LEFT])
        print(node[p][DATA])
        traverse(node[p][RIGHT])
```

最短経路問題

この節では、最短経路問題というアルゴリズムについて学びます。

🔹 最短経路問題とは

最短経路問題とは、グラフの始点から終点までの経路のうち、重みの合計が最小となる経路を見つける問題です。具体的にどのようなものかを次の図を使って説明します。

●市町村と幹線道路

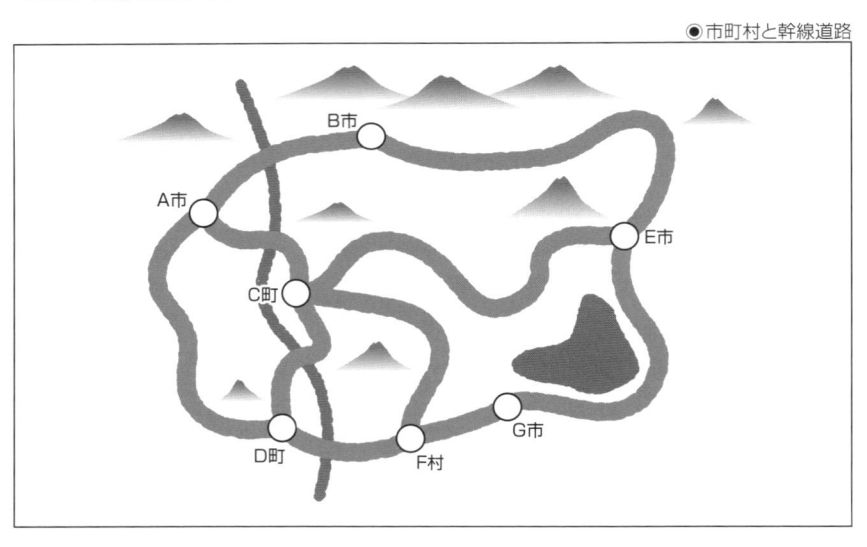

この図には架空の市町村と、それらを結ぶ幹線道路が描かれています。次の表が幹線道路を通って移動する市町村間の道のりです。

●市町村間の道のり

市町村	道のり
A市～B市	4
A市～C町	3
A市～D町	6
B市～E市	8
C町～D町	4
C町～E市	10
C町～F村	5
D町～F村	3
E市～G市	7
F村～G市	2

　道に沿って進む長さを道のりといいますが、最短経路問題では「最短距離を求める」と説明することが多く、以後は、道のりではなく距離という言葉を使います。

　ある市町村から別の市町村へ移動する際、どの経路を辿れば最短距離で到達できるかを考えてみます。経路を調べやすくするために、図と表から次のグラフを作ります。

● 市町村間の距離のグラフ

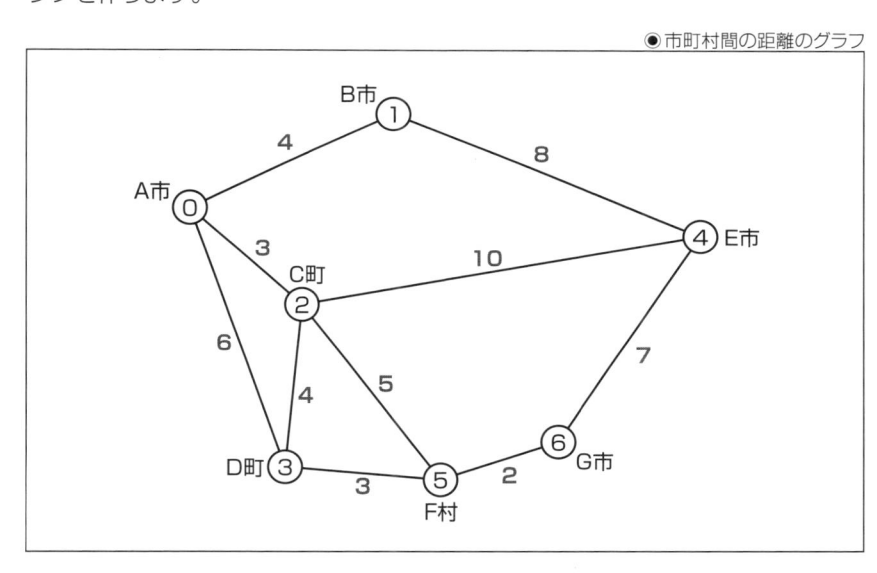

　A市を⓪、B市を①、C町を②というようにノードの番号を決めます。

　たとえばA市からG市へは、⓪→②→⑤→⑥と進むと最短距離で到達します。

　最短経路問題ではアルゴリズムを使って距離や経路を求めます。最短経路問題は電車の乗換案内アプリやカーナビゲーションシステムなど、日常的なサービスで利用されています。

🔹 最短経路問題を解くアルゴリズム

　プログラムで最短経路を探すには、市町村をノードとしたグラフを使用し、ノード間の距離をデータとして定義します。この距離を**重み**やコストと呼びます。

　ノード間の重みの合計値が最も少ない経路を選ぶアルゴリズムを使って道順を決定します。代表的なアルゴリズムに**ダイクストラ法**、ベルマン・フォード法、A*アルゴリズム（ダイクストラ法を改良したもの）などがあります。この節ではダイクストラ法の手法を説明し、そのプログラムを自作します。

🔹 市町村間の距離をデータ化する

前ページの図の重み付きグラフをデータ化します。CHAPTER 04のグラフのデータ化で学んだように、次のような配列でノード間の結び付きと重みを定義します。

```
way = [
    [F, 4, 3, 6, F, F, F],
    [4, F, F, F, 8, F, F],
    [3, F, F, 4, 10, 5, F],
    [6, F, 4, F, F, 3, F],
    [F, 8, 10, F, F, F, 7],
    [F, F, 5, 3, F, F, 2],
    [F, F, F, F, 7, 2, F]
]
```

ここではノード間がつながらないことを表すのに F という記号を使用します。 F に特別な値を代入し、2つのノードがつながらないことがわかるようにします。この節で自作するプログラムは F を None とします。

🔹 ダイクストラ法で最短距離を求める

ダイクストラ法は、距離を確定するための配列と、フラグ用の配列を用意し、次の手順でノード間の重みを計算します。

始点（出発地）を決めます。この説明ではノード⓪を始点とします。

それ自身への距離は0なので、⓪への距離を0と確定します。距離を確定したノードにフラグを立てます。

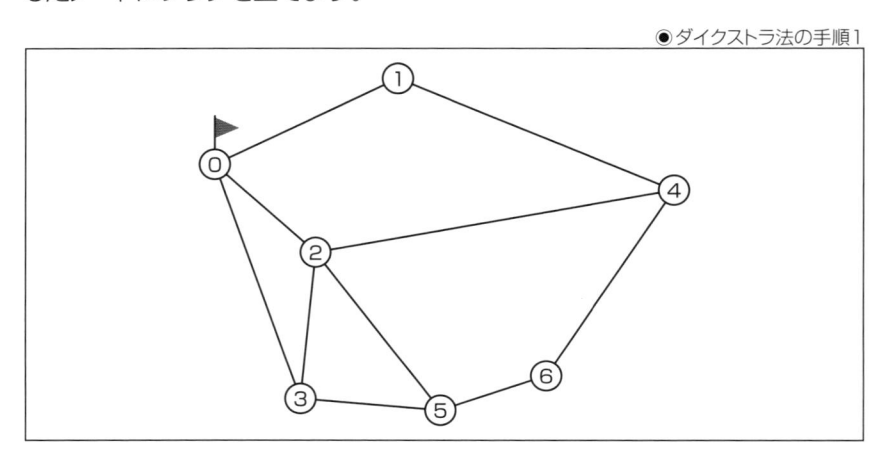

●ダイクストラ法の手順1

　始点に直接つながるノードまでの距離を仮の値として定めます。このグラフではノード①、②、③への距離が、ひとまず決まります。

● ダイクストラ法の手順2

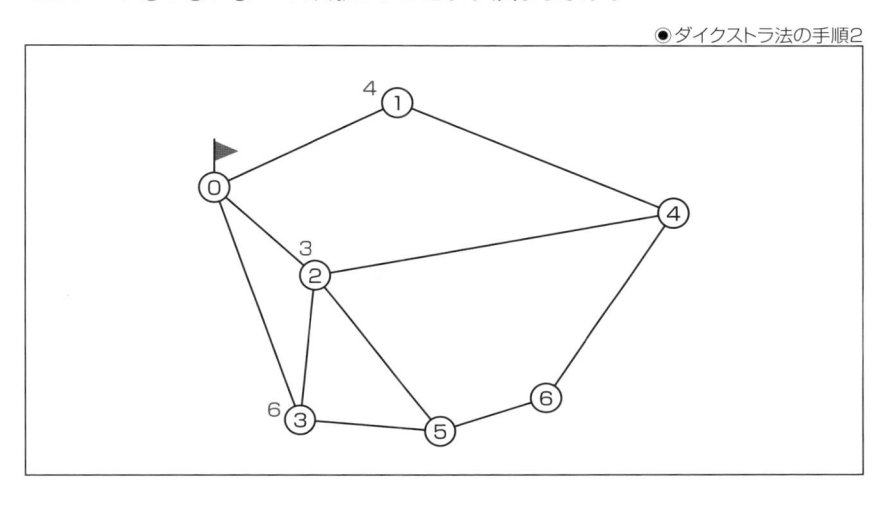

　フラグを立てていないノードの中から距離が最も短いものを選びます。ここでは②がそれに当たります。ノード②のフラグを立て、⓪→②の最短距離を確定します。

● ダイクストラ法の手順3

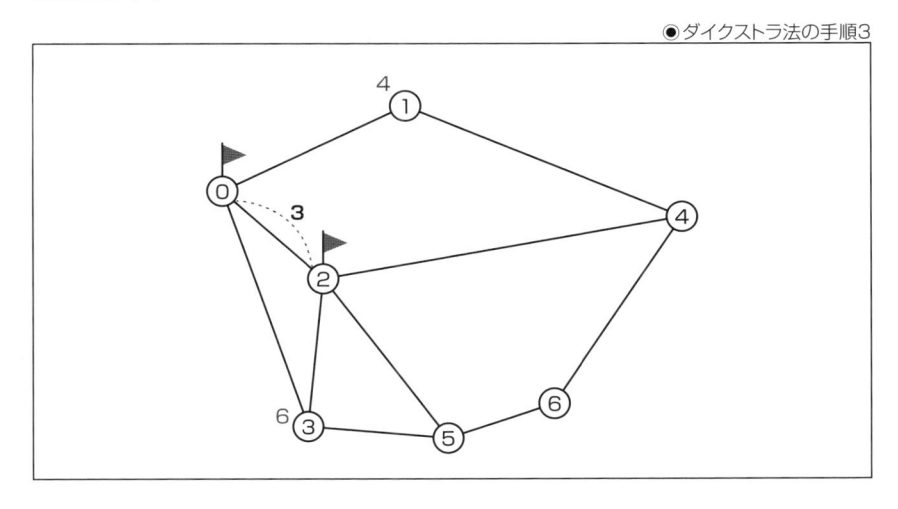

11　木やグラフによるアルゴリズム

　フラグを立てた②につながるすべてのノードに対し、⓪からの距離を計算し、仮の距離として定めます。その際、②を通ると、より短い距離で到達できるノードがあれば値を更新します。③は②を経由すると距離が「7」になるので更新しません。ここで④と⑤の距離が、ひとまず決まります。

●ダイクストラ法の手順4

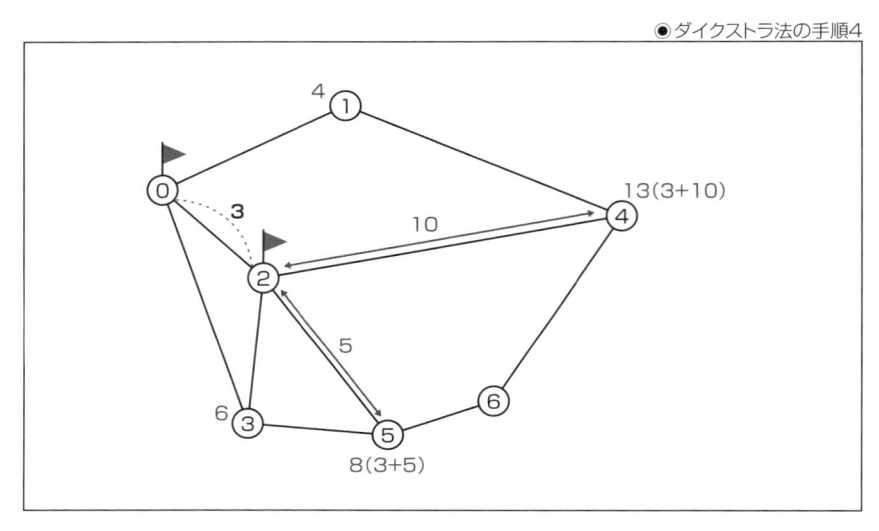

　再びフラグの立っていないノードから距離が最も短いものを選びます。ここでは①を選び、それにフラグを立て、⓪→①の距離を確定します。

●ダイクストラ法の手順5

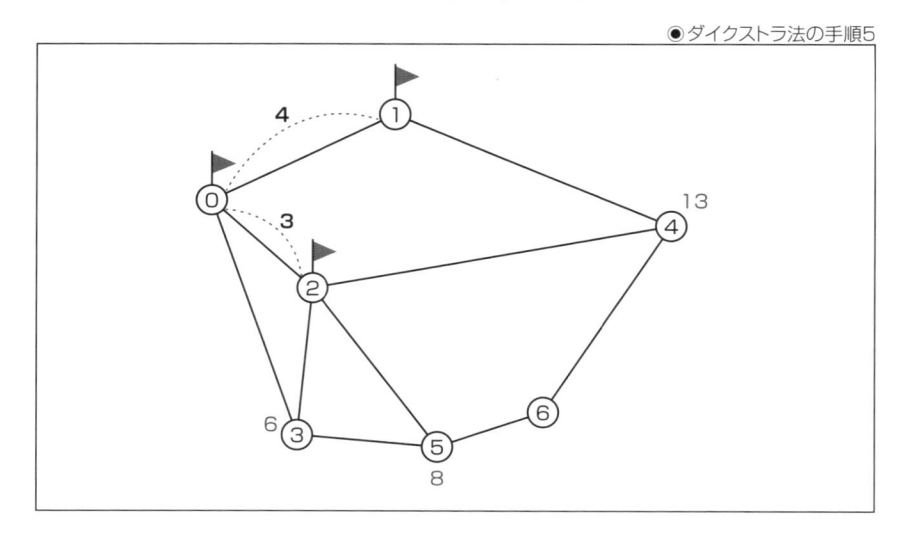

　①につながるノードまでの距離を更新します。ここで距離を「13」としていた④が、①を経由すると「12」になるので、距離を更新します。

●ダイクストラ法の手順6

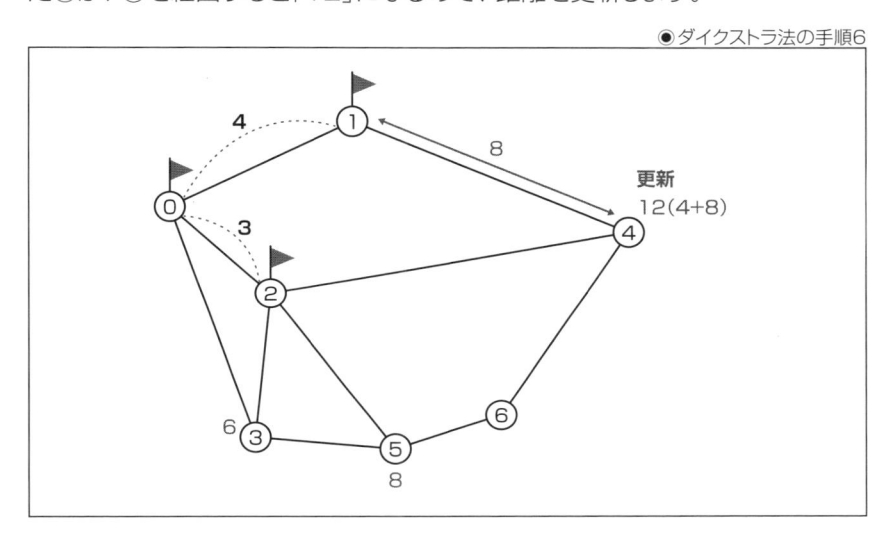

　フラグの立っていないノードから距離が最も短いものを選びます。ここで③にフラグを立て、距離を確定します。

●ダイクストラ法の手順7

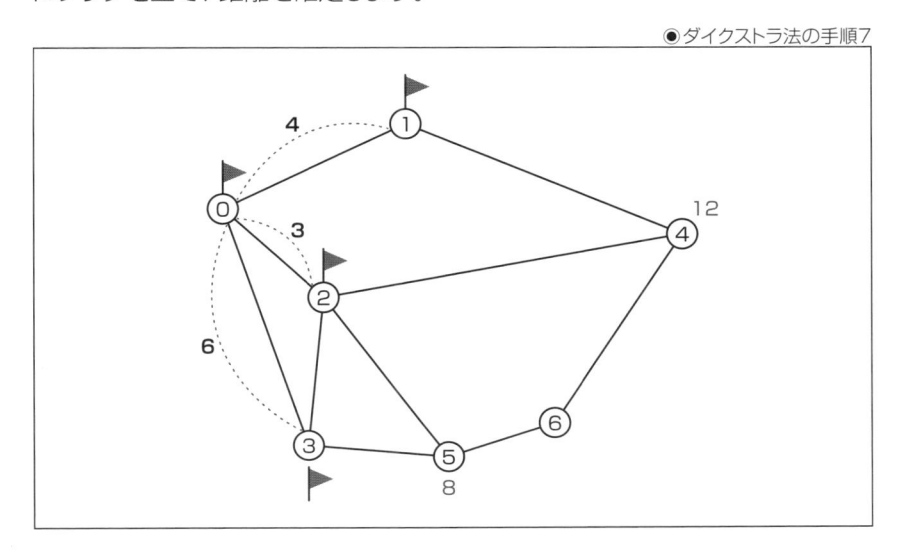

　③につながる、フラグの立っていないノードまでの距離を定めますが、この例では距離の更新はありません。

　フラグの立っていないノードから距離が最も短いものを選び、フラグを立て距離を確定します。ここで⑤までの距離が確定します。

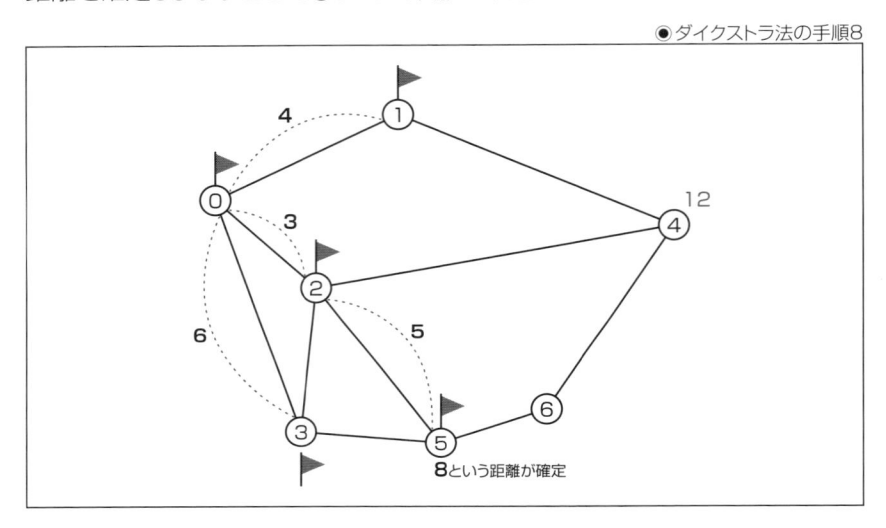

●ダイクストラ法の手順8

　⑤につながる⑥の距離を仮で定めます。

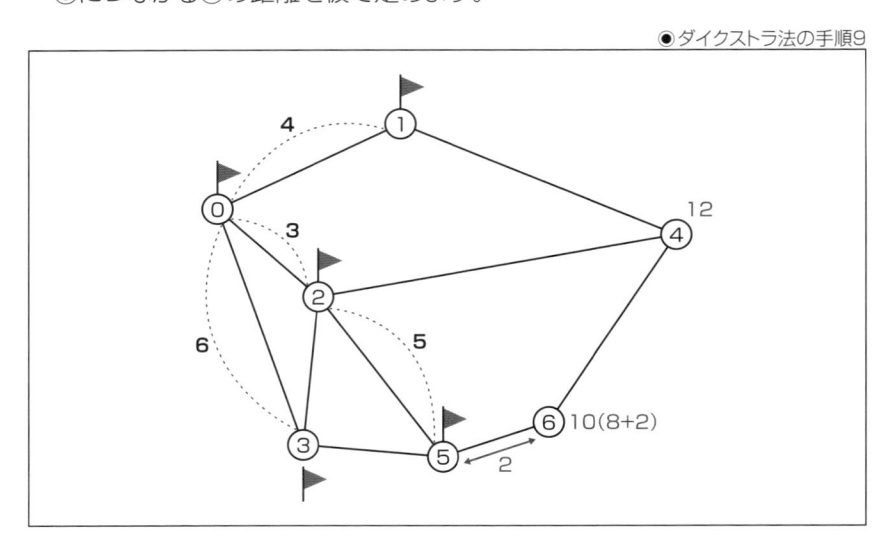

●ダイクストラ法の手順9

この後は同様の手順で、⑥にフラグを立てて距離を確定し、最後に④にフラグを立てて距離を確定します。それらの図は省略します。

ダイクストラ法は確定できる値を定め、その値を元に推測される次の値を決め、より正しい値が見つかれば更新するという手順を繰り返して、最終的にすべての値を確定させる手法になります。

● ダイクストラ法を実装したプログラム

ダイクストラ法を実装したプログラムを確認します。このプログラムは始点ノードから各ノードまでの最短距離を出力します。

SAMPLE CODE 「Chapter11」→「dijkstras_algorithm_1.py」

```
 1: F = None # 道がつながらない
 2: way = [ # ノードのつながりと重みを定義
 3:     [F, 4, 3, 6, F, F, F],
 4:     [4, F, F, F, 8, F, F],
 5:     [3, F, F, 4, 10, 5, F],
 6:     [6, F, 4, F, F, 3, F],
 7:     [F, 8, 10, F, F, F, 7],
 8:     [F, F, 5, 3, F, F, 2],
 9:     [F, F, F, F, 7, 2, F],
10: ]
11: n = len(way)          # ノード数
12: LONG = 9999           # 比較用の大きな値
13: dist = [LONG] * n     # 各ノードまでの距離
14: visited = [False] * n # ノードが確定したか
15: start = 0             # 始点
16: p = start
17: dist[p] = 0           # 始点の距離は0
18: visited[p] = True     # フラグを立てる
19: print("始点", p)
20:
21: for i in range(n - 1): # ダイクストラ法
22:     for j in range(n):
23:         if way[p][j] == F:  # 道がつながっていない場合スキップ
24:             continue
25:         if dist[p] + way[p][j] < dist[j]: # より短い距離が見つかった場合
26:             dist[j] = dist[p] + way[p][j]
27:
28:     d = LONG
29:     for k in range(n):
```

▼

```
30:            if visited[k] == False and dist[k] < d:
31:                p = k
32:                d = dist[k]
33:        visited[p] = True # 距離が確定
34:
35: print("最短距離")
36: for i in range(n):
37:     print("ノード", start, "〜", i, "距離", dist[i])
```

実行結果は次の通りです。

```
始点 0
最短距離
ノード 0 〜 0 距離 0
ノード 0 〜 1 距離 4
ノード 0 〜 2 距離 3
ノード 0 〜 3 距離 6
ノード 0 〜 4 距離 12
ノード 0 〜 5 距離 8
ノード 0 〜 6 距離 10
```

15行目を `start = 6` とし、出発地点をG市にした実行結果も掲載します。

```
始点 6
最短距離
ノード 6 〜 0 距離 10
ノード 6 〜 1 距離 14
ノード 6 〜 2 距離 7
ノード 6 〜 3 距離 5
ノード 6 〜 4 距離 7
ノード 6 〜 5 距離 2
ノード 6 〜 6 距離 0
```

　1行目でノード間がつながらないことを表す `F` という変数に `None` を代入します。

　2〜10行目がノード間の重みの定義です。

　11行目でノードの数を変数 `n` に代入します。

　12行目で `LONG` という変数に距離の比較に使う大きな値を代入します。このプログラムでは `9999` とします。Pythonでは正の無限大を意味する `float("inf")` を使用して、`LONG = float("inf")` とすることもできます。

13行目の `dist[]` が最短距離を代入する配列です。初期値としてすべての要素に `LONG` を代入します。Pythonでは **配列変数名 = [初期値] * 要素数** と記述すると、その要素数を持つ配列が作られ、すべての要素に初期値が代入されます。

14行目の `visited[]` がフラグ用の配列です。初期値としてすべての要素に `False` を代入します。

15行目で `start` という変数に始点のノード番号を代入します。

16行目で変数 `p` に `start` を代入します。始点自身への距離は **0** なので、17行目で `dist[p]` に **0** を代入し、18行目で `visited[p]` に `True` を代入して距離を確定します。21行目以降で `p` の値を変化させながら最短距離を求めます。

21～33行目がダイクストラ法のアルゴリズムです。

35～37行目で始点から各ノードまでの最短距離を出力します。

🔹 ダイクストラ法による距離の計算を確認する

変数 `i` による `for` 文に、変数 `j` による `for` 文と、変数 `k` による `for` 文が入る多重ループで最短距離を求めます。

22～26行目の変数 `j` による `for` で、ノード `p` につながるノードの距離を計算します。このとき、いったん決めた距離より短いものがあれば、25～26行目の `if` 文で、より短い距離に更新します。

28行目で変数 `d` に `LONG` を代入します。

29～32行目の変数 `k` による `for` 文と `if` 文で、フラグの立っていないノードの中から距離が最も短いノードを探します。

33行目で、そのノードにフラグを立てます。

外側の変数 `i` による `for` 文が終わると、すべてのノードにフラグが立ち、最短距離が確定します。その距離を35～37行目で出力します。

🔹 経路を記憶する

ダイクストラ法により始点から各ノードへの最短距離を求めました。次に経路を記憶して、どのノードを経由すれば最短経路になるか分かるようにします。

これを行うには、経路となるノード番号を保持する配列を用意します。そして、より短い距離が見つかって値を更新する際、そのノードにつながる、フラグを立てたノード番号を保持します。

01
02
03
04
05
06
07
08
09
10

11

木やグラフによるアルゴリズム

12

285

　この仕組みを組み込んだプログラムを確認します。実行して、終点ノードの番号(`0` ～ `6`)を入力すると、始点と終点を結ぶ最短経路を表示します。

SAMPLE CODE　「Chapter11」→「dijkstras_algorithm_2.py」

```
 1: F = None # 道がつながらない
 2: way = [ # ノードのつながりと重みを定義
 3:     [F, 4, 3, 6, F, F, F],
 4:     [4, F, F, F, 8, F, F],
 5:     [3, F, F, 4, 10, 5, F],
 6:     [6, F, 4, F, F, 3, F],
 7:     [F, 8, 10, F, F, F, 7],
 8:     [F, F, 5, 3, F, F, 2],
 9:     [F, F, F, F, 7, 2, F]
10: ]
11: n = len(way)         # ノード数
12: LONG = 9999          # 比較用の大きな値
13: dist = [LONG] * n     # 各ノードまでの距離
14: visited = [False] * n # ノードが確定したか
15: route = [None] * n    # ルートを代入する
16: start = 0            # 始点
17: p = start
18: dist[p] = 0          # 始点の距離は0
19: visited[p] = True    # フラグを立てる
20: print("始点", p)
21:
22: for i in range(n - 1): # ダイクストラ法
23:     for j in range(n):
24:         if way[p][j] == F:  # 道がつながっていない場合スキップ
25:             continue
26:         if dist[p] + way[p][j] < dist[j]: # より短い距離が見つかった場合
27:             dist[j] = dist[p] + way[p][j]
28:             route[j] = p # 経路を記憶
29:
30:     d = LONG
31:     for k in range(n):
32:         if visited[k] == False and dist[k] < d:
33:             p = k
34:             d = dist[k]
35:     visited[p] = True # 距離が確定
36:
37: print("最短距離")
38: for i in range(n):
```

▼

□1　□2　□3　□4　□5　□6　□7　□8　□9　1□

11

木やグラフによるアルゴリズム

1 2

```
39:     print("ノード", start, "〜", i, "距離", dist[i])
40:
41: print("routeの値", route)
42: e = int(input("道順を示す終点ノードの番号 "))
43: while route[e] != None:
44:     print(e, end="←")
45:     e = route[e]
46: print(start)
```

実行結果は次の通りです。

```
始点 0
最短距離
ノード 0 〜 0 距離 0
ノード 0 〜 1 距離 4
ノード 0 〜 2 距離 3
ノード 0 〜 3 距離 6
ノード 0 〜 4 距離 12
ノード 0 〜 5 距離 8
ノード 0 〜 6 距離 10
routeの値 [None, 0, 0, 0, 1, 2, 5]
道順を示す終点ノードの番号 6
6←5←2←0
```

15行目の route[] という配列で経路を記憶します。

26〜28行目で距離を更新する際、ノード番号jを添え字とする route[j] に
ノード番号 p を代入します。 p は j につながるノードで、フラグを立てて距離
が確定したノードです。

始点(このプログラムではノード0)と各ノードの最短経路が route[] に代
入されます。このプログラムでは [None, 0, 0, 0, 1, 2, 5] という値になり
ます。

11

木やグラフによるアルゴリズム

287

🔹 経路の出力を確認する

経路の出力を43〜46行目で行います。経路は終点から始点に向かってたどります。この実行結果は終点をG市のノード6としたものです。`route[6]` の値は `5` で、これはノード⑤につながることを意味します。`route[5]` は `2` でノード②につながります。 `route[2]` は `0` で始点⓪につながります。

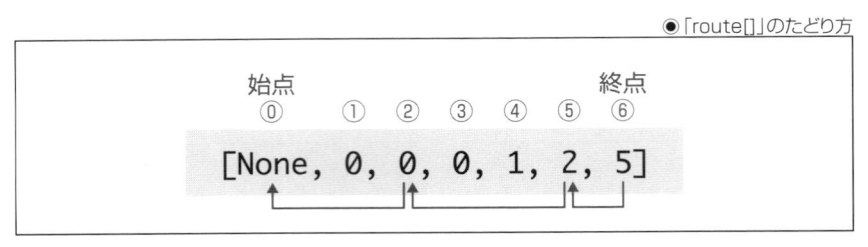

●「route[]」のたどり方

`route[]` に格納された値を、この図のようにたどり、終点ノード←経由ノード←始点ノードという形で経路を表示しています。

CHAPTER
12

さまざまな
アルゴリズムを学ぶ

>>> **本章の概要**

　この章では、各種のアルゴリズムを取り上げ、アルゴリズムについての知識を広げます。

モンテカルロ法で円周率を求める

この節では、モンテカルロ法により円周率を求める方法を説明します。

● モンテカルロ法について

　モンテカルロ法は、乱数を用いた試行を繰り返して近似解を求める数値計算手法の1つです。数式を解析的に解くのが難しい場合や、複雑なモデルを扱うときなどに用いられます。この手法は、解きたい問題のモデルを作り、乱数を入力してシミュレーションを行います。この試行を十分な回数、繰り返し、得られた結果を統計的に処理して、問題の答えを導き出します。モンテカルロ法で得られる答えは近似的な解であり、試行回数が多いほど精度が向上します。

● モンテカルロ法で円周率を求める

　モンテカルロ法で円周率πの値を求めることができます。その方法を説明します。

　次の図のような一辺の長さがnの正方形と、その上下左右の辺に接する半径$\frac{n}{2}$の円を考えます。この正方形の中に、無数の点をランダムに打つとします。

◉正方形内にランダムに点を打つ

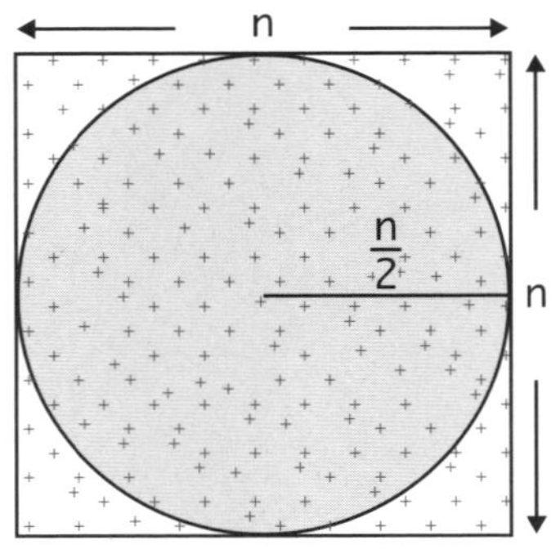

　ここでは正方形と円を使って説明しますが、次のような $\frac{1}{4}$ の円で考えることもあります。どちらでも計算方法に違いはありません。

◉ 1/4の円で考えることもある

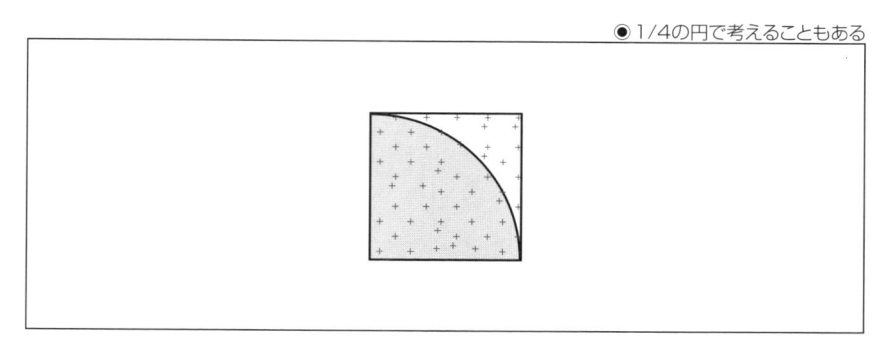

　正方形の面積は $n \times n$、円の面積は $\frac{n}{2} \times \frac{n}{2} \times \pi$ です。

　正方形と円の面積の比率は $n \times n : \frac{n}{2} \times \frac{n}{2} \times \pi$、すなわち $1 : \frac{\pi}{4}$ になります。

　正方形内に打つ点の位置を乱数で決めます。打った回数を r で数えるとします。その際、点が円の中に入ったら、その回数を c で数えるとします。

　正方形と円の面積比から $1 : \frac{\pi}{4} \fallingdotseq r : c$ という式が立てられます。この式を変形すると $\pi = 4 \times \frac{c}{r}$ になります。この式が成り立つと考えてよいのは、たくさんの点を打ち、r、c とも大きな値になった場合です。

🔷 乱数を使って円周率を求めるプログラム

　正方形内の点の座標を乱数で決め、円周率を計算するプログラムを確認します。

SAMPLE CODE 「Chapter12」→「monte_carlo_method_pi.py」

```
 1: import random
 2:
 3: attempts = 10000 # 試行回数
 4: radius = 5000 # 円の半径
 5: c = 0 # 円の中に入った点を数える
 6: for i in range(attempts):
 7:     x = random.randint(-radius, radius)
 8:     y = random.randint(-radius, radius)
 9:     if x * x + y * y <= radius * radius:
10:         c = c + 1
11: pi = 4 * c / attempts
12: print("試行回数", attempts)
```

▼

12　さまざまなアルゴリズムを学ぶ

```
13: print("計算に用いた円の半径", radius)
14: print("円周率", pi)
```

実行結果は次のようになります（求まる円周率は実行するたびに変わります）。

```
試行回数 10000
計算に用いた円の半径 5000
円周率 3.1396
```

乱数を使用するので1行目で `random` をインポートします。

3行目の変数 `attempts` に試行回数を代入します。

4行目の変数 `radius` に円の半径を代入します。

5行目の `c` という変数で点が円の中に入った回数を数えます。

6行目の `for` で `attempts` 回、繰り返します。

7〜8行目で変数 `x` と `y` に、`-radius` 以上、`radius` 以下の整数の乱数を代入します。(x, y) が乱数で決めた点を打つ座標です。

9〜10行目の `if x * x + y * y <= radius * radius` という `if` 文で点が円の中かを判定します。

この条件式は二点間の距離を求める$d = \sqrt{(x_1 - x_2)^2 + (y_1 - y_2)^2}$ という式の両辺を二乗したものです。二乗すると$d^2 = (x_1 - x_2)^2 + (y_1 - y_2)^2$になり、$\sqrt{}$ を使わない式にできます。その式で(x, y)が半径 `radius` の円の中かを判定し、その場合、`c` を1増やします。

`for` 文が終わったら、11行目の `pi = 4 * c / attempts` で円周率を計算し、12〜14行目で試行回数、円の半径、円周率を出力します。

エラトステネスの篩

素数を効率よく求めるエラトステネスの篩というアルゴリズムがあります。その手法について説明し、プログラムを自作します。

🔷 エラトステネスの篩について

エラトステネスの篩は紀元前に活躍したエラトステネスという学者が考案した素数を求めるアルゴリズムです。次の方法で整数の中から素数を選別します。

1 表に「n」までの整数を並べる。ここでは1～100から素数を選別するとする。1は素数でないので斜線を引く。

● エラトステネスの篩1

1	2	3	4	5	6	7	8	9	10
11	12	13	14	15	16	17	18	19	20
21	22	23	24	25	26	27	28	29	30
31	32	33	34	35	36	37	38	39	40
41	42	43	44	45	46	47	48	49	50
51	52	53	54	55	56	57	58	59	60
61	62	63	64	65	66	67	68	69	70
71	72	73	74	75	76	77	78	79	80
81	82	83	84	85	86	87	88	89	90
91	92	93	94	95	96	97	98	99	100

2 最初の素数の2の倍数である、4、6、8、10、12…（2以外の偶数）は素数ではないので、それらに斜線を引く。

● エラトステネスの篩2

3 2の次の素数は3になる。3の倍数の6、9、12、15、18…も斜線を引いて篩い落とす。このとき、6、12、18などの偶数には、すでに斜線が引かれている。

● エラトステネスの篩3

4 次の4は2の倍数に斜線を引いたときに篩い落とされている。その次の5は素数であり、5の倍数の10、15、20、25、30…に斜線を引く。このとき、10、15、20などの2や3の倍数はすでに斜線が引かれている。

● エラトステネスの篩4

5 6は篩い落とされている。続いて7以外の7の倍数に斜線を引く。

● エラトステネスの篩5

6 8、9、10は斜線が引かれており、次は11になる。ただし、11は$\sqrt{100}$ より大きいので、7の倍数に斜線を引いたところで100以下の素数が確定する。エラトステネスの篩によりnまでの素数を求める場合、篩い落とす行為を$\sqrt{n}$ 以下の素数まで行うと、素数が確定する。この表には2、3、5、7、11、13、17、19、23、29、31、37、41、43、47、53、59、61、67、71、73、79、83、89、97が残り、それらが素数になる。

12

さまざまなアルゴリズムを学ぶ

● エラトステネスの篩を実装したプログラム

　エラトステネスの篩のアルゴリズムにより100までの整数から素数を選別するプログラムを確認します。実行すると「nの倍数を篩い落とします[Enter]」と出力されます。「Enter」キーを押すごとに、2、3、5、7の倍数を篩い落とす過程を出力します。

SAMPLE CODE 「Chapter12」→「eratosthenes_no_furui.py」

```python
 1: p = [False] * 101
 2: p[1] = True
 3:
 4: def furui(n): # 篩い落とす関数
 5:     for i in range(n + n, 101, n):
 6:         p[i] = True
 7:
 8: def hyou(): # 数字の一覧を作る関数
 9:     line = ""
10:     for i in range(1, 101):
11:         if p[i] == False: # 篩い落とされていない数
12:             if i < 10:
13:                 line = line + " " + str(i)
14:             else:
15:                 line = line + str(i)
16:         else: # 篩い落とされたもの
17:             line = line + " /"
18:
19:         if i % 10 == 0: # 10個の数字ごとに改行
20:             line = line + "¥n"
21:         else:
22:             line = line + ","
23:     print(line)
24:
25: n = 2
26: while n <= 10: # √100まで繰り返す
27:     hyou()
28:     print(n, "の倍数を篩い落とします[Enter]")
29:     input("") # Enterを押して進む
30:     furui(n)
31:
32:     # 次に篩い落とす数を探す
33:     while n <= 10:
34:         n = n + 1
```

▼

```
35:         if p[n] == False:
36:             break
37: hyou()
38: print("残った数が素数です")
```

実行結果は次の通りです。

```
 /, 2, 3, 4, 5, 6, 7, 8, 9,10
11,12,13,14,15,16,17,18,19,20
21,22,23,24,25,26,27,28,29,30
31,32,33,34,35,36,37,38,39,40
41,42,43,44,45,46,47,48,49,50
51,52,53,54,55,56,57,58,59,60
61,62,63,64,65,66,67,68,69,70
71,72,73,74,75,76,77,78,79,80
81,82,83,84,85,86,87,88,89,90
91,92,93,94,95,96,97,98,99,100

2 の倍数を篩い落とします[Enter]

 /, 2, 3, /, 5, /, 7, /, 9, /
11, /,13, /,15, /,17, /,19, /
21, /,23, /,25, /,27, /,29, /
31, /,33, /,35, /,37, /,39, /
41, /,43, /,45, /,47, /,49, /
51, /,53, /,55, /,57, /,59, /
61, /,63, /,65, /,67, /,69, /
71, /,73, /,75, /,77, /,79, /
81, /,83, /,85, /,87, /,89, /
91, /,93, /,95, /,97, /,99, /

3 の倍数を篩い落とします[Enter]

 /, 2, 3, /, 5, /, 7, /, /, /
11, /,13, /, /, /,17, /,19, /
 /, /,23, /,25, /, /, /,29, /
31, /, /, /,35, /,37, /, /, /
41, /,43, /, /, /,47, /,49, /
 /, /,53, /,55, /, /, /,59, /
61, /, /, /,65, /,67, /, /, /
71, /,73, /, /, /,77, /,79, /
```

```
 /,  /,83,  /,85,  /,  /,  /,89,  /
91,  /,  /,  /,95,  /,97,  /,  /,  /
```

5 の倍数を篩い落とします[Enter]

```
 /,  2,  3,  /,  5,  /,  7,  /,  /,  /
11,  /,13,  /,  /,  /,17,  /,19,  /
 /,  /,23,  /,  /,  /,  /,  /,29,  /
31,  /,  /,  /,  /,  /,37,  /,  /,  /
41,  /,43,  /,  /,  /,47,  /,49,  /
 /,  /,53,  /,  /,  /,  /,  /,59,  /
61,  /,  /,  /,  /,  /,67,  /,  /,  /
71,  /,73,  /,  /,  /,77,  /,79,  /
 /,  /,83,  /,  /,  /,  /,  /,89,  /
91,  /,  /,  /,  /,  /,97,  /,  /,  /
```

7 の倍数を篩い落とします[Enter]

```
 /,  2,  3,  /,  5,  /,  7,  /,  /,  /
11,  /,13,  /,  /,  /,17,  /,19,  /
 /,  /,23,  /,  /,  /,  /,  /,29,  /
31,  /,  /,  /,  /,  /,37,  /,  /,  /
41,  /,43,  /,  /,  /,47,  /,  /,  /
 /,  /,53,  /,  /,  /,  /,  /,59,  /
61,  /,  /,  /,  /,  /,67,  /,  /,  /
71,  /,73,  /,  /,  /,  /,  /,79,  /
 /,  /,83,  /,  /,  /,  /,  /,89,  /
 /,  /,  /,  /,  /,  /,  /,97,  /,  /,  /
```

残った数が素数です

　1から100の整数から素数を選別するための `p[]` という配列を1行目で用意します。`p[]` の全要素に `False` を代入し、篩い落としたものに `True` を代入します。要素数を101としたのは、ゼロ番の `p[0]` は使用せず、`p[1]` 〜 `p[100]` を使うためです。

　最初の整数の1は素数でないので、2行目で `p[1]` に `True` を代入します。

　4〜6行目に素数以外を篩い落とす `furui()` という関数を定義しています。

　8〜23行目に数字の一覧を表示する `hyou()` という関数を定義しています。

◉「furui()」関数の処理を確認する

この関数で引数 n の倍数を篩い落とします。 `for i in range(n + n,` `101, n)` として、変数 i を n を2倍した数から100まで n ずつ増やします。た とえば n が 2 なら i は 4 から `100` まで2ずつ増え、n が 7 なら i は `14` から `98` まで7ずつ増えます。 `p[i]` に `True` を代入して、素数でない数を選別し ます。

◉「hyou()」関数の処理を確認する

この関数は変数 i による `for` 文で、`p[i]` が `False` なら i の値を出力 し、`True` なら斜線（ / ）を出力します。その際、i が1桁と2桁以上の数でコ ンマの位置を揃えるために、1桁の数は半角スペースの後に出力します（12 ～13行目）。

19～22行目で、数をコンマで区切り、10個出力するごとに改行コードの `¥n` で改行し、表になるようにしています。

◉篩い落とす過程を出力する

25行目で最初の素数の 2 を変数 n に代入します。

26～36行目の `while` 文で n が 10 以下の間、処理を繰り返します。

27行目で `hyou()` を呼び出し、数の一覧を出力します。

28行目で「nの倍数を篩い落とします[Enter]」と出力し、29行目の `input()` で「Enter」キーが押されるのを待ちます。

30行目で `furui(n)` を呼び出し、n の倍数を篩い落とします。

33～36行目の `while` 文で、n + 1 以降の篩い落とされていない数を探 します。 n を1ずつ増やし、`p[n]` が `False` なら篩い落としていないので、 `break` します。これにより n は 2 → 3 → 5 → 7 と変化します。

26～36行目は `while` 文に別の `while` 文が入るので、複雑に思えるかも しれませんが、内側の `while` は n を 2 → 3 → 5 → 7 と変えることだけを 行っています。

📦 プログラムの効率を上げる

計算回数を減らすために改良できる部分があります。それは `furui()` 関数の `for` 文の `i` の最初の値です。このプログラムは `for i in range(n + n, 101, n)` と、`i` を n+n から始めますが、`for i in range(n * n, 101, n)` として計算回数を減らすことができます。

`n * n` とできるのは、それより小さな倍数が、他の小さな素数によって篩い落とされるからです。

具体例で説明すると、`n` が 3 で3の倍数に斜線を入れる際、`3 * 2 = 6`、`3 * 3 = 9` を篩い落とします。ただし、`3 * 2 = 6` は2の倍数ですでに篩い落とされています。そのため3の倍数を篩い落とすときは、`6` からではなく、`3 * 3 = 9` から始めることができます。

5の倍数として篩い落とす数に、`5 * 2 = 10`、`5 * 3 = 15`、`5 * 4 = 20`、`5 * 5 = 25` がありますが、`10`、`15`、`20` は 2 や 3 の倍数として篩い落とされています。そのため5の倍数を篩い落とすときは、`10` からではなく、`5 * 5 = 25` から始めることができます。

一次元のセル・オートマトン

生命の成長、結晶の形成、流体の動きなどをシミュレートするセル・オートマトンというアルゴリズムがあります。この節では、一次元のセル・オートマトンを取り上げます。

🔹 セル・オートマトンについて

セル・オートマトン(Cellular Automaton)はセルの集合の状態を一定のルールに従って変化させるモデルです。セルの1つひとつは、隣接するセルから何らかの影響を受け、時間の経過と共に変化します。その変化をルール(計算式)によって定めます。ルールは単純ですが、時間の経過と共にセル・オートマトン全体で複雑な挙動を示す特徴があります。一次元、二次元、三次元のセル・オートマトンがあります。

🔹 一次元のセル・オートマトン

一次元のセル・オートマトンは直線上に並ぶ複数のセルを使って計算します。たとえば、次のようにセルが並んでいるとします。

●一次元のセル・オートマトン

0	0	0	1	1	0	1	0	0	0	1	0

各セルは0か1の状態を持ちます。それらのセルの状態は、セル自身と左右に隣接するセルの状態に基づいて、時間軸に沿って変化します。セル全体の状態が変化する1回のサイクルを**世代**と呼びます。

[左][中][右] と並ぶ [中] のセルが、次の世代になったとき、どのように変化するかをルールとして定めます。たとえば、[0][0][0] と並ぶ中央のセルは次の世代でも 0 で、[1][0][1] と並ぶ中央のセルは次の世代に 1 になるとします。

🐾 一次元のセル・オートマトンが変化するルール

一次元のセル・オートマトンが変化するルールについて説明します。たとえば次のようなルールを定めます。

●ルール30

現在の状態	111	110	101	100	011	010	001	000
中央のセルの次世代の状態	0	0	0	1	1	1	1	0

この表の上の段の000〜111の2進法の数が [左][中][右] の状態です。これには8つのパターンがあります。

下の段に、次の世代の中央のセルが 0 と 1 のどちらになるかを定めています。この表には変化後の 0 と 1 が 00011110 と並んでいます。 00011110 という2進法は10進法で 30 になるので、ここで定めたルールは**ルール30**と呼ばれます。

一次元のセル・オートマトンが変化するルールは、2進法の 00000000 から 11111111 まで、10進法にすると 0 〜 255 の256通りがあります。

🐾 一次元のセル・オートマトンのプログラム

一次元のセル・オートマトンのプログラムを確認します。実行すると複雑ながら一定のパターンを持つピラミッドのような模様が描かれます。

SAMPLE CODE 「Chapter12」→「cellular_automaton.py」

```python
 1: WIDTH = 65
 2: GENERATION = WIDTH // 2
 3: MID = WIDTH // 2
 4: cell = []
 5: for y in range(GENERATION):
 6:     cell.append([0] * WIDTH)
 7: cell[0][MID] = 1
 8:
 9: RULE = [0, 0, 0, 1, 1, 1, 1, 0] # ルール30
10: for y in range(0, GENERATION - 1):
11:     for x in range(1, WIDTH - 1):
12:         a = cell[y][x - 1] * 4 + cell[y][x] * 2 + cell[y][x + 1] * 1
13:         cell[y + 1][x] = RULE[7 - a]
14:
15: for y in range(GENERATION):
16:     for x in range(WIDTH):
```

▼

```
17:        if cell[y][x] == 0:
18:            print(" ", end="")
19:        if cell[y][x] == 1:
20:            print("*", end="")
21:    print() # 改行
```

実行結果は次の通りです（ルール30）。

```
                                  *
                                 ***
                                **  *
                                ** ****
                               **  *   *
                               ** **** ***
                              **  *   *  *
                              ** **** ******
                             **  *   ***     *
                             ** **** ** *  ***
                            **  *   * **** **  *
                            ** **** ** *    * ****
                           **  *   *** **  ** *   *
                           ** **** ** *** *** ** ***
                          **  *   * ***  * *** *  *
                          ** **** ** * * ***** *******
                         **  *   *** **** *   ***      *
                         ** **** ** ***   ** **  *   ***
                        **  *   * *** * ** *** **** ** *
                        ** **** ** * ****** *    *   *** ****
                       **  *   *** ****   **** *** **  *   *
                       ** **** ** ***   *  **   *  * *** ***
                      **  *   * *** * *** ** * *** ** * *   *
                      ** **** ** * *** *   *  **** *  * ** ******
                     **  *   *** ****  ** ***** * ***** * *    *
                     ** **** ** ***  * ** *   * * **   ***** ***
                     **  *   * *** * *** ****  ** * **  *   **  *
                    ** **** ** * *** * * *  *** **** ** ** * ****
                    **  *   *** ****  **** ** ** ***   * * **** * * *
                   ** **** ** ***   * **   * * *** *  ** ****  *** ** ***
                   **  *   * *** * ** * *  ***** * ****** *   * ** *   * *
                  ** **** ** * *** * * **** ****  **** ** * * *********
```

出力された最初の行が一世代目で、下に向かって世代が進みます。
9行目を次のように変更してみましょう。

```
9: RULE = [0, 1, 0, 1, 1, 0, 1, 0] # ルール90
```

この場合の実行結果は次の通りです（ルール90）。

12

さまざまなアルゴリズムを学ぶ

1行目の `WIDTH` で横に並ぶセルの数を定めます。

2行目の `GENERATION` で何世代分、計算するかを定めます。このプログラムは一世代目の中央の1つのセルを `1` とし、そこからの変化を観察するため、`GENERATION` を `WIDTH` の半分としています。

3行目の `MID` に中央のセルの位置を代入します。

4行目で `cell` という空の配列を用意します。

5〜6行目で `0` が `WIDTH` 個並ぶ `[0, 0, 0, ... , 0, 0, 0]` という配列を、`cell` に `GENERATION` 回、追加します。これにより `cell[][]` という二次元配列が作られます。この配列を使ってセルの変化を計算します。

7行目で中央の1つのセルだけを `1` にします。

9行目の `RULE[]` でルールを定めます。

10〜13行目の変数 `y` と `x` による二重ループの `for` 文で、現在の左のセル、中のセル、右のセルの中央が、次の世代にどう変化するかを計算します。

15〜21行目の変数 `y` と `x` による二重ループの `for` 文で、`cell[y][x]` が `0` なら半角スペース、`1` ならアスタリスクを出力し、世代が進むごとにセルが変化する様子を表示します。

🔷 計算ルールを確認する

12行目の a = `cell[y][x - 1] * 4 + cell[y][x] * 2 + cell[y][x + 1] * 1` という式で、現在のセルの `000` 〜 `111` （2進法）の8つのパターンを、`0` 〜 `7` （10進法）に変換して、変数 a に代入します。

13行目の `cell[y + 1][x] = RULE[7 - a]` で、次の世代の中央のセルが `0` になるのか `1` になるのかを、ルールに基づいて決めます。

●セルの変化の計算

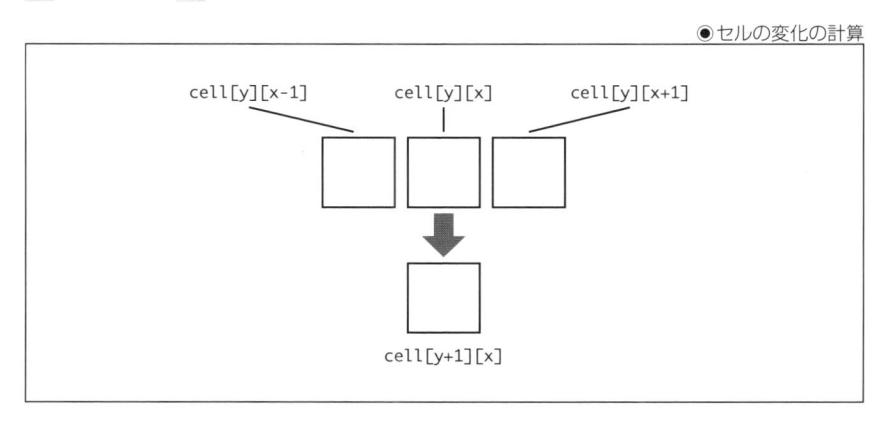

● 二次元のセル・オートマトンについて

二次元のセル・オートマトンに**ライフゲーム**という有名なシミュレーションが
あります。ライフゲームは現在の世代のセルの状態が、次の世代にどのような
影響を与えるかをルールとして定め、生命の誕生や死をシミュレートします。

●二次元のセル・オートマトン

(x-1,y-1)	(x,y-1)	(x+1,y-1)
(x-1,y)	(x,y)	(x+1,y)
(x-1,y+1)	(x,y+1)	(x+1,y+1)

ライフゲームは格子状にセルが並んでおり、セルの1つひとつが周囲のセル
から影響を受け、状態が変化します。グラフィックを用いたリアルタイム・シミュ
レーションであり、学習用のプログラムとして使用されることもあります。

本書では二次元のセル・オートマトンは概要説明に留めますが、興味を持
たれた方はネット検索で情報を得ることができます。

迷路の自動作成

　迷路を作るさまざまなアルゴリズムの中に棒倒し法という手法があります。この節では、棒倒し法による迷路の作り方について説明し、迷路を自動作成するプログラムを制作します。

🔹 棒倒し法のアルゴリズム

　棒倒し法は二次元配列などで壁と床を定義して、迷路を作ります。わかりやすいように7×7のマスで、この手法を説明します。棒倒し法で作る迷路のマスの数は、縦、横とも奇数にします。

■1 周囲のマスを壁にして、内部に1マスおきに壁を設ける（黒いマスが壁、白いマスが通路）。

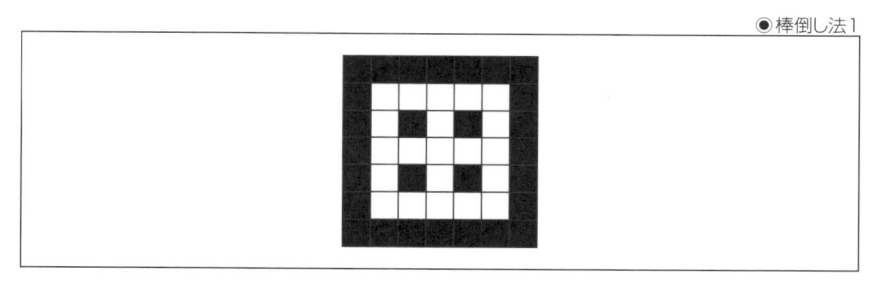

◉棒倒し法1

■2 内部の壁から、上下左右のいずれかのランダムな向きに壁を作る（下図では矢印付きの壁）。

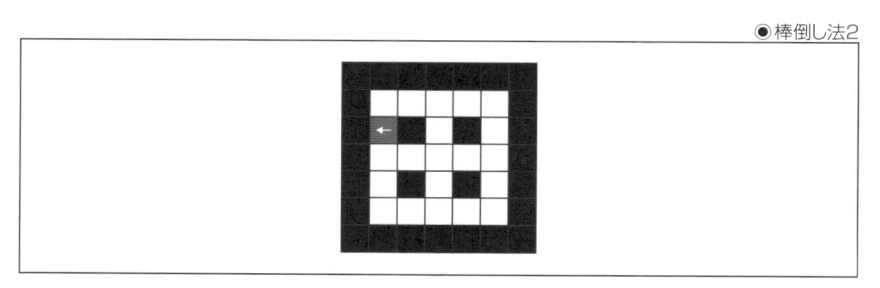

◉棒倒し法2

■3 内部のすべての壁から、いずれかの方向に壁を作ると迷路が完成する。

◉ 棒倒し法3

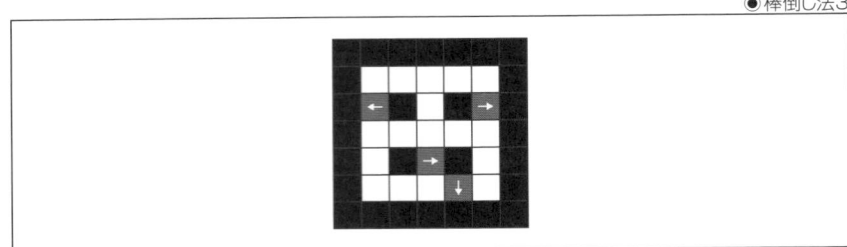

ここでは7×7のマスとしたので、完成したのは簡単な迷路ですが、マスの数を増やすことで複雑な迷路になります。

🔷 棒倒し法の注意点

棒倒し法には注意すべき点があります。それは単にランダムな4方向に壁を作ると、入れない場所ができる恐れがあることです。たとえば次のように壁が作られると、中央のマスに入れなくなります。

◉ 入れない場所ができる

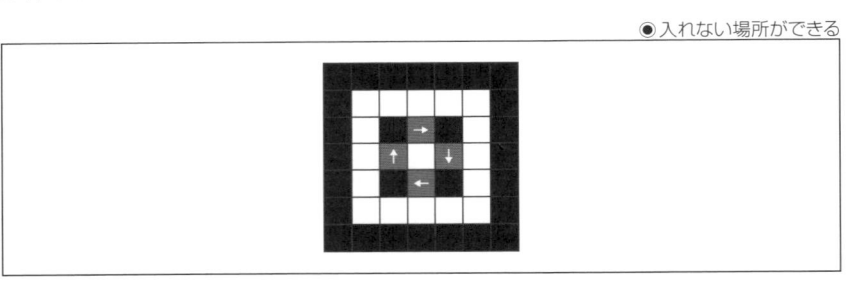

これを防ぐには、内部の壁の一番上の並びからは、上下左右のいずれかに壁を作り、その以降は、下、左、右の3方向のいずれかに壁を作ります。こうすれば入れない場所はできません。

◉ 入れない場所ができるのを防ぐ

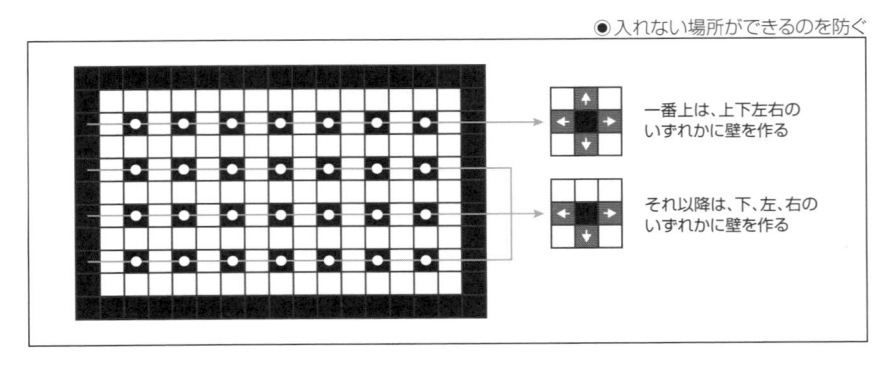

一番上は、上下左右のいずれかに壁を作る

それ以降は、下、左、右のいずれかに壁を作る

入れないマスができるのを防ぐ方法は他にもありますが、ここで説明した方法は `if` 文を1行記述するだけで済みます。

棒倒し法で迷路を作るプログラム

棒倒し法で迷路を作るプログラムを確認します。実行すると迷路が表示されます。 `#` が壁、何もないところが通路です。何もないところは半角スペースを出力しています。

SAMPLE CODE 「Chapter12」→「make_maze_1.py」

```
 1: import random
 2:
 3: maze = [ # 周囲の壁と内部の壁の構造を定義
 4:     [1, 1, 1, 1, 1, 1, 1, 1, 1, 1, 1, 1, 1, 1, 1, 1, 1],
 5:     [1, 0, 0, 0, 0, 0, 0, 0, 0, 0, 0, 0, 0, 0, 0, 0, 1],
 6:     [1, 0, 1, 0, 1, 0, 1, 0, 1, 0, 1, 0, 1, 0, 1, 0, 1],
 7:     [1, 0, 0, 0, 0, 0, 0, 0, 0, 0, 0, 0, 0, 0, 0, 0, 1],
 8:     [1, 0, 1, 0, 1, 0, 1, 0, 1, 0, 1, 0, 1, 0, 1, 0, 1],
 9:     [1, 0, 0, 0, 0, 0, 0, 0, 0, 0, 0, 0, 0, 0, 0, 0, 1],
10:     [1, 0, 1, 0, 1, 0, 1, 0, 1, 0, 1, 0, 1, 0, 1, 0, 1],
11:     [1, 0, 0, 0, 0, 0, 0, 0, 0, 0, 0, 0, 0, 0, 0, 0, 1],
12:     [1, 0, 1, 0, 1, 0, 1, 0, 1, 0, 1, 0, 1, 0, 1, 0, 1],
13:     [1, 0, 0, 0, 0, 0, 0, 0, 0, 0, 0, 0, 0, 0, 0, 0, 1],
14:     [1, 1, 1, 1, 1, 1, 1, 1, 1, 1, 1, 1, 1, 1, 1, 1, 1]
15: ]
16:
17: def make_maze(): # 棒倒し法で迷路を作る
18:     for y in range(2, 10, 2):
19:         for x in range(2, 16, 2):
20:             d = random.randint(0, 3)
21:             if y >= 4: d = random.randint(1, 3)
22:             if d == 0: maze[y - 1][x] = 1 # 上に壁を作る
23:             if d == 1: maze[y + 1][x] = 1 # 下に壁を作る
24:             if d == 2: maze[y][x - 1] = 1 # 左に壁を作る
25:             if d == 3: maze[y][x + 1] = 1 # 右に壁を作る
26:
27: def draw_maze(): # 迷路を表示する
28:     for y in range(11):
29:         for x in range(17):
30:             if maze[y][x] == 1:
31:                 print("#", end="")
32:             else:
```

309

```
33:                print(" ", end="")
34:        print() # 改行
35:
36: make_maze()
37: draw_maze()
```

実行結果は次のようになります（迷路は実行するたびに変化します）。

```
#################
#       #       #
# # ##### # # # #
# #         # # #
# ### ### ##### #
#       #       #
### ### # # ### #
#     # # # #   #
# ######### #####
#       #       #
#################
```

乱数を使用するので1行目で random をインポートします。

3〜15行目の maze[][] という二次元配列で周囲の壁と内側の1マスおきの壁を定義します。 0 が通路（何もない空間）、1 が壁です。このプログラムは周囲の壁を含め、横17マス、縦11マスの迷路を作ります。

17〜25行目に棒倒し法で迷路を作る make_maze() という関数を定義しています。

27〜34行目に迷路を表示する draw_maze() という関数を定義しています。

36行目で make_maze() を呼び出して迷路を作り、37行目の draw_maze() で迷路を表示します。

● 「makeMaze()」の処理を確認する

この関数は変数 y と x による二重ループの for 文で、内部の壁の周囲のいずれかに壁を作ります。内部の壁は1マスおきに並ぶので、y 、x とも 2 から始め、2ずつ増やします。

20行目で壁を作る向きの値を変数 d に代入します。いったん、0 、1 、2 、3 のいずれかの乱数を代入します。その際、21行目の if y >= 4: d = random.randint(1, 3) で、2段目以降は 1 、2 、3 のいずれかを代入します。これで2段目以降は下、左、右のいずれかに壁を作ります。

22〜25行目で `d` の値に応じて `maze[y][x]` の周囲のマスを壁にします。`d` が `0` なら上、`1` なら下、`2` なら左、`3` なら右に壁を作ります。21〜25行目は短い `if` 文なので、コロンで改行せずに1行で記述しています。

🔹「drawMaze()」で迷路を表示する

この関数は変数 `y` と `x` による二重ループの `for` 文と `if` 文で、`maze[y][x]` が `1` なら `#` 、`0` なら半角スペースを出力して迷路を表示します。

Pythonの `print()` は `end=` という引数で出力の最後を指定できます。何も指定しないと自動的に改行しますが、ここでは `end=""` として改行せずに `#` や半角スペースを並べていきます。そして1行ごとに34行目の `print()` で改行します。

🔹 迷路の大きさを変えられるようにする

マスの数を定数とし、迷路の大きさを自由に変えられるようにします。マスの行の数を `ROW` 、列の数を `COL` という定数で定めます。

SAMPLE CODE　「Chapter12」→「make_maze_2.py」

```python
 1: import random
 2:
 3: ROW = 21
 4: COL = 51
 5: maze = []
 6:
 7: for y in range(ROW): # 全体を壁にした二次元配列を用意
 8:     maze.append([1] * COL)
 9:
10: for y in range(1, ROW - 1): # 内側を空間にする
11:     for x in range(1, COL - 1):
12:         maze[y][x] = 0
13:
14: def make_maze(): # 棒倒し法で迷路を作る
15:     for y in range(2, ROW - 2, 2):
16:         for x in range(2, COL - 2, 2):
17:             maze[y][x] = 1 # 1マスおきの壁
18:             d = random.randint(0, 3)
19:             if y >= 4: d = random.randint(1, 3)
20:             if d == 0: maze[y - 1][x] = 1 # 上に壁を作る
21:             if d == 1: maze[y + 1][x] = 1 # 下に壁を作る
22:             if d == 2: maze[y][x - 1] = 1 # 左に壁を作る
```

```
23:              if d == 3: maze[y][x + 1] = 1 # 右に壁を作る          ▼
24:
25: def draw_maze(): # 迷路を表示する
26:     for y in range(ROW):
27:         for x in range(COL):
28:             if maze[y][x] == 1:
29:                 print("#", end="")
30:             else:
31:                 print(" ", end="")
32:         print() # 改行
33:
34: make_maze()
35: draw_maze()
```

実行結果は次のようになります（迷路は実行するたびに変化します）。

```
#################################################
#           # # #       #        #        #
# # ####### ### ### ### # ##### ### # ### # ### ###
# # #       #   #         #       # #       #
# ### ##### ### ### # # ##### # ### # ##### # #
#       #   #     # # # #   #     #     # #
# # # # ##### ### ##### ### ### ### # ### ##### # #
# # # #     #   #       # # # #       # #
# # # # ### ##### ### ##### # # ##### # # ### # #
# # # # #   #     #   # #         # #     # #
# # ### ####### ### ##### ### ####### # ####### # #
# # #       # # #       #       #       # #
##### ### # ##### ######### ### ##### # # ##### # #
#       # #                   #     #       #
### ##### ##### # ### ### # ##### # ####### ### # #
#       #   # # #   # #       #           #   # #
# ### ##### ### ####### # ### ### ### ### # ###
#           #       # #   # #   #       #   #
# ### ##### ##### # ##### ### ##### ####### ### ###
#   #           # # #   # #           #
#################################################
```

3行目の ROW が行の数、4行目の COL が列の数です。値を変更すると迷路の大きさが変わります。変更する場合は、行、列とも奇数にします。

5行目で maze[] という空の配列（Pythonのリスト）を用意します。Pythonでは配列に後から要素を追加できます。このプログラムは7～8行目で、[1, 1, 1, ... , 1, 1, 1] と 1 が COL 個並んだ配列を、for 文で ROW 回、追加します。これにより ROW 行 COL 列の二次元配列が作られます。

　10〜12行目で `maze[][]` の内側を通路(空間)にします。これで周囲の1
マスだけが壁になります。

　14〜23行目が棒倒し法で迷路を作る `make_maze()` 関数です。 `for` 文の
`y` の範囲を `range(2, ROW - 2, 2)` 、`x` の範囲を `range(2, COL - 2, 2)` と
し、変数の値が変化する範囲を `ROW` と `COL` を使って指定します。

　この関数の処理に17行目の `maze[y][x] = 1` を追記して、内部の1マスお
きに壁を配置します。18〜23行目で、その壁の周囲のいずれかに壁を作り
ます。

　25〜32行目の `draw_maze()` 関数は、`for` 文の `y` の範囲を `range(ROW)` 、
`x` の範囲を `range(COL)` とし、`ROW` 行 `COL` 列の迷路を表示します。

 おわりに

本書を最後までお読みいただき、誠にありがとうございます。

執筆の機会を与えてくださった株式会社C&R研究所 代表取締役の池田武人さまに心より感謝申し上げます。執筆と編集において編集部長の吉成明久さまに多大なお力添えをいただきました。誠にありがとうございます。

データ構造とアルゴリズムはソフトウェア開発の礎となるものです。それらの知識をしっかりと習得したプログラマーは、変化の激しい現代においても、さまざまな問題や課題に対応し、解決策を生み出すことができます。

本書を読了された皆さまは、以前にも増してプログラミングの技術力を高められたと確信しています。本書が皆さまの学習や実務に役立つことを願っています。

2025年2月

廣瀬　豪

索引

■著者紹介

廣瀬 豪
ひろせ つよし

早稲田大学理工学部卒。ナムコと任天堂子会社に勤務後、ソフトウェア開発会社を設立、ゲームメーカーの公式ゲームを100タイトル以上手掛けてきた。技術書執筆、プログラミングとゲーム開発の指導、教育番組のプログラミングコーナーの監修を行っており、C言語、C++、Java、JavaScript、Pythonなどのさまざまな言語でアルゴリズム研究やゲーム開発を続けている。

著書は『ゲーム開発で学ぶC言語入門』(インプレス)、『野田クリスタルのこんなゲームが作りたい!』(インプレス・共著)、『Pythonでつくる ゲーム開発 入門講座』『いちばんやさしい Java入門教室』(ソーテック社)、『7大ゲームの作り方を完全マスター!ゲームアルゴリズムまるごと図鑑』(技術評論社)など多数。

編集担当：吉成明久 / カバーデザイン：秋田勘助(オフィス・エドモント)
写真：©Valeriia Mitriakova - stock.foto

●特典がいっぱいのWeb読者アンケートのお知らせ

C&R研究所ではWeb読者アンケートを実施しています。アンケートにお答えいただいた方の中から、抽選でステキなプレゼントが当たります。詳しくは次のURLのトップページ左下のWeb読者アンケート専用バナーをクリックし、アンケートページをご覧ください。

C&R研究所のホームページ **https://www.c-r.com/**

携帯電話からのご応募は、右のQRコードをご利用ください。

Pythonで学ぶ データ構造とアルゴリズム入門

2025年3月21日　初版発行

著　者	廣瀬豪	
発行者	池田武人	
発行所	株式会社　シーアンドアール研究所	
	新潟県新潟市北区西名目所4083-6(〒950-3122)	
	電話　025-259-4293　FAX　025-258-2801	
印刷所	株式会社　ルナテック	

ISBN978-4-86354-475-8 C3055
©Tsuyoshi Hirose, 2025

Printed in Japan